"十四五"普通高等教育本科部委级规划教材

产教融合教程
国风服饰设计与应用

丁 雯◎主编 | 徐 颉 丁 莺◎副主编

CHANJIAO RONGHE JIAOCHENG
GUOFENG FUSHI SHEJI YU YINGYONG

"十四五"普通高等教育本科部委级规划教材

中国纺织出版社有限公司

内 容 提 要

本书为"十四五"普通高等教育本科部委级规划教材，系统构建了传统服饰文化与现代设计创新的知识体系。书中阐释了国风服饰概念及品牌发展现状，溯源中国传统服饰形制与文化内涵；重点解析色彩、图案、面料等核心设计要素的传承方法，结合男女装设计实践，展示传统纹样重组、刺绣工艺创新等现代转化路径；通过企业定制、品牌开发、教学实践等多元案例，立体呈现传统美学与当代审美的融合范式。教材立足文化自信，强调理论性与实践性结合，为高校服装专业提供兼具学术深度与应用价值的教学资源，助力创新型国风设计人才培养。

本书适合作为服装设计专业教材，也可作为时尚爱好者以及传统文化爱好者的参考用书。

图书在版编目（CIP）数据

产教融合教程：国风服饰设计与应用 / 丁雯主编；徐颉，丁莺副主编. -- 北京：中国纺织出版社有限公司，2025．8. --（"十四五"普通高等教育本科部委级规划教材）. -- ISBN 978-7-5229-2786-2

Ⅰ. TS941. 742. 2

中国国家版本馆 CIP 数据核字第 2025917DS2 号

责任编辑：孙成成　李春奕　　责任校对：高　涵
责任印制：王艳丽

中国纺织出版社有限公司出版发行
地址：北京市朝阳区百子湾东里 A407 号楼　邮政编码：100124
销售电话：010—67004422　传真：010—87155801
http://www.c-textilep.com
中国纺织出版社天猫旗舰店
官方微博 http://weibo.com/2119887771
北京通天印刷有限责任公司印刷　各地新华书店经销
2025 年 8 月第 1 版第 1 次印刷
开本：889×1194　1/16　印张：8.25
字数：152 千字　定价：69.80 元

江西服装学院
产教融合系列教材编写委员会

总 序
GENERAL PREFACE

当前，新时代浪潮席卷而来，产业转型升级与教育强国目标建设均对我国纺织服装行业人才培育提出了更高的要求。一方面，纺织服装行业正以"科技、时尚、绿色"理念为引领，向高质量发展不断迈进，产业发展处在变轨、转型的重要关口。另一方面，教育正在强化科技创新与新质生产力培育，大力推进"产教融合、科教融汇"，加速教育数字化转型。中共中央、国务院印发的《教育强国建设规划纲要（2024—2035年）》明确提出，要"塑造多元办学、产教融合新形态"，以教育链、产业链、创新链的有机衔接，推动人才供给与产业需求实现精准匹配。面对这样的形势任务，我国纺织服装教育只有将行业的前沿技术、工艺标准与实践经验深度融入教育教学，才能培养出适应时代需求和行业发展的高素质人才。

高校教材在人才培养中发挥着基础性支撑作用，加强教材建设既是提升教育质量的内在要求，也是顺应当前产业发展形势、满足国家和社会对人才需求的战略选择。面对当前的产业发展形势以及教育发展要求，纺织服装教材建设需要紧跟产业技术迭代与前沿应用，将理论教学与工程实践、数字化趋势（如人工智能、智能制造等）进行深度融合，确保学生能及时掌握行业最新技术、工艺标准、市场供求等前沿发展动态。

江西服装学院编写的"产教融合教程"系列教材，基于企业设计、生产、管理、营销的实际案例，强调理论与实践的紧密结合，旨在帮助学生掌握扎实的理论基础，积累丰富的实践经验，形成理论联系实际的应用能力。教材所配套的数字教育资源库，包括了音视频、动画、教学课件、素材库和在线学习平台等，形式多样、内容丰富。并且，数字教育资源库通过多媒体、图表、案例等方式呈现，使学习内容更加直观、生动，有助于改进课程教学模式和学习方式，满足学生多样化的学习需求，提升教师的教学效果和学生的学习效率。

希望本系列教材能成为院校师生与行业、企业之间的桥梁，让更多青年学子在丰富的实践场景中锤炼好技能，并以创新、开放的思维和想象力描绘出自己的职业蓝图。未来，我国纺织服装行业教育需要以产教融合之力，培育更多的优质人才，继续为行业高质量发展谱写新的篇章！

纪晓峰

中国纺织服装教育学会会长

2024年12月

前言
PREFACE

随着时代的变迁，国风服饰作为一种传统文化符号，逐渐受到人们的关注和喜爱。国风服饰不仅承载着丰富的历史文化内涵，更展现出独特的艺术魅力。本书旨在探讨国风服饰的设计与应用，帮助读者深入了解国风服饰的文化内涵和设计理念，掌握国风服饰的设计技巧和应用方法。

本书介绍了国风服饰的历史渊源和文化背景以及现代国风服饰品牌，便于读者对国风服饰建立全面的认识。通过案例分析的方式，书中详细讲解了国风服饰的设计原则、设计元素和设计技巧。同时，作者还关注国风服饰在现代社会中的应用场景和市场需求，为读者提供了实用的设计建议和市场分析。

丁雯

2024 年 10 月

教学内容及课时安排

章 / 课时	课程性质 / 课时	节	课程内容
第一章 （4课时）	基础知识 （12课时）	·	**国风服饰概述**
		一	国风服饰概念
		二	国风服饰品牌介绍
第二章 （8课时）		·	**传统服饰文化**
		一	中国传统服饰及文化内涵
		二	传统服饰形制
第三章 （24课时）	设计应用（78课时）	·	**国风服饰设计要素**
		一	传统服饰色彩
		二	传统服饰图案
		三	传统图案的变化与应用
		四	面料与刺绣工艺
第四章 （30课时）		·	**国风服饰设计**
		一	国风服饰设计方法
		二	男装款式设计
		三	女装款式设计
		四	国风服饰设计作品展示
第五章 （24课时）		·	**国风服饰设计与应用案例**
		一	企业定制单品设计案例
		二	国风服饰品牌开发案例
		三	教学案例

注 各院校可根据自身的教学特点和教学计划对课时进行调整。

目 录
CONTENTS

第一章　国风服饰概述···001

第一节　国风服饰概念···002

第二节　国风服饰品牌介绍···006

第二章　传统服饰文化···017

第一节　中国传统服饰及文化内涵·······································018

第二节　传统服饰形制···021

第三章　国风服饰设计要素···025

第一节　传统服饰色彩···026

第二节　传统服饰图案···033

第三节　传统图案的变化与应用···039

第四节　面料与刺绣工艺··048

第四章　国风服饰设计···057

第一节　国风服饰设计方法···058

第二节　男装款式设计···059

第三节　女装款式设计···066

第四节　国风服饰设计作品展示···075

第五章　国风服饰设计与应用案例·····································085

第一节　企业定制单品设计案例···086

第二节　国风服饰品牌开发案例···097

第三节　教学案例···106

第一章
国风服饰概述

课程名称： 国风服饰概述。

课程内容： 国风服饰概念、国风服饰品牌介绍。

课题时间： 4课时。

教学目的： 让学生了解国风服饰的定义，初步了解中西方传统服饰不同的发展历程与审美差异。走进国风品牌，学习并思考国风服饰未来的发展道路。

教学方式： 通过理论讲解、图片演示，进而分析中西方服饰文化差异，了解国风服饰品牌。

教学要求： 1.明确国风服饰概念并了解中西方服饰文化差异。

2.了解国风品牌市场。

课前准备： 市场调研，寻访本地国风服饰品牌专卖店，探讨品牌风格与市场前景。

"国风"一词意为国家的风俗，以"国"为主体，既承载着过去、现在和未来，也包含了56个民族璀璨的历史文化。以此为依托，本书定义的"国风"是"中国风格"，是中式审美的体现，其包含"汉服"的传统形制，融汇"新中式"结合西式剪裁而凸显神韵的风格表达，包容"国潮"中元素堆砌、再创造的创意呈现。

纵观历史，服饰文化绝不仅是款式与潮流的演变，更是与华夏文明进程密不可分；既是社会意识形态的显性特征，也是民族文化自信的体现。推动中式服装行业的发展，接续起断裂的传承，不仅需要社会与行业的支持，也需要人文环境与审美意识的加持。笔者认为"今日"国风服饰文化的传播不仅要从文化层面深入剖析，也要集思广益、兼容并蓄，只有让中式审美更为广泛地融入人们的日常生活，让更多人了解、关注中国传统文化及国风服饰，使其成为衣柜中一个日常选项，而不是小部分人群或特定场合的着装，才能让中华服饰文化再一次焕发勃勃生机。

第一节　国风服饰概念

一、国风服饰定义

国风服饰，即中国风格的服饰，也可以概括为以"中国传统文化"为养分的服装风格。

广义上讲，国风服饰包含汉服、华服、新中式、唐装、国潮等，这些概念互有穿插，也各有侧重。

1. 汉服

汉服——汉民族传统服饰，又称汉衣冠、华夏衣冠，是在自然文化发展与民族交融过程中形成的，带有鲜明民族特色的、区别于其他民族的服饰体系。语境中着重强调"汉"族的民族属性。

汉服的概念包括"古代汉服"和"现代汉服"两个历史阶段。古代汉服一般指黄帝、尧、舜"垂衣裳而天下治"始至明末清初。现代汉服是在古代汉服基础上的继承和发展，保留了汉服的传统形制与文化内核，并做出适应现代生活方式的改变（图1-1）。

2. 华服

华服一词从不同角度有着不同的诠释，既有华丽的服饰之意，也可以指代"华夏服饰"；既可以专指汉民族传统服饰，也可以指中华民族传统服饰

图1-1　现代汉服唐制大袖衫

（包含56个民族）和近代中国传统服饰。

2021年"中国当代'华服'定义与规范学术论证会"上就"华服"的定义及使用规范进行了梳理与讨论，最终与会者一致认同：华服是指具有中华民族历史文化基因、精神风貌，且融合当代审美的礼仪性服装，其服装风格根植于中华传统文化，传承中华民族特质，体现当代社会积极向上的时代精神，具有鲜明的辨识度，适用于国际交往、文化交流、商贸往来以及日常节庆、典祭等礼仪场合。

3. 新中式

中式是相对于西式而言的，在外形、结构、局部特征、装饰、色彩、图案、审美文化方面具有鲜明的特色，是以传统服饰文化为内核的服装风格。

新中式是指结合西式服装体系的制服工艺，借鉴汉服的部分形制与元素，与现代服装工业及辅料配件相结合设计制作而成的服装。因为其核心是西式服装的结构、工艺，因而不属于汉服，与华服的概念有一定的重合，被定义为现代时尚服装，可作为日常服饰或在礼仪场合穿着（图1-2）。

图1-2　新中式服装

新中式的设计理念可以理解为"中国当代的传统文化表现"，是对中国当代文化充分理解基础上的当代设计。旗袍与中山装就是新中式服装的典型代表。

从其他角度来看，新中式并不只是一件衣服、一身搭配，更是一种生活方式，一种为人处世的态度。它致敬旧时代的辉煌却不沉溺过往，积极汲取新的养分续写今日的篇章。

4. 唐装

唐装——唐朝的服装，唐朝形制的服装可以简称为"唐装"，属于汉服。我们通常所说的"唐装"其实并不是这一类服装，而是"新唐装"。其诞生于2001年亚太经济合作组织（Asia-Pacific Economic

Cooperation，APEC）会议，作为与会者的服装曾风靡一时。

新唐装是现代中式服装，由马褂结合西式裁剪改良而来，是中华民族传统特色代表服装之一。

5. 国潮

国潮是以中国文化为基础，是传统与现代的碰撞。在潮流款式的外形中穿插中国元素的时尚潮品，是东方美学的另类演绎。

二、中西方服饰文化差异

中西方服饰文化的差异归根结底是审美的差异、文化的差异。服装作为载体呈现出的是中西方文明不同的历史轨迹。华夏文明起源于黄河流域，数千年来虽也历经动荡、变革，但其文化脉络始终贯穿于朝代更迭的历史长河中。其中，儒家的"礼"制和道家的"天人合一"的哲学思想对我国传统服饰文化的影响较为深远。

始于周代的冠服制度，让服装的功能不再只是御寒、遮羞，"礼"之于服装中的体现表现在对道德规范与阶级秩序的重视方面。这一思想延续传承了数千年，几乎贯穿整个封建社会。在现代社会中，破除了阶级桎梏的"礼"更多体现在社交礼仪上，如着装是否大方得体，是否合乎礼仪规范。

"道法自然，天人合一"指人与自然和谐统一，是道家思想的核心。在此哲学观影响下的传统美学，更注重整体的和谐与意境。这与西方文化主客分明、物我对立的哲学观相悖。

西方文化经过了两河流域、古希腊、古罗马等多重文明的碰撞融合、民族迁徙，历经文艺复兴、大工业革命时期的变革形成，复杂的外部环境造就了西方文明客观思辨、唯物自我的主流观念。

中西方服饰文化差异具体表现在以下方面。

1. 审美差异

从传统绘画艺术来看中西方审美的区别，如图1-3所示为中国山水画。以国画为代表的主流审美侧重于意境表达，笔墨挥洒间描绘山河，山不在山、水不在水，重意不重型。如图1-4所示为西方人物画，传统西方绘画以油画为代表，表现更为直接，侧重于对真实物体的描绘。东方审美观念倾向于体现人格美；西方审美观念倾向于突出人体美。体现在服饰文化中，传统中式服装宽大无束缚，不凸显性征，追求人与自然和谐的状态，而西方服饰则强调个性及对人体曲线的刻画（图1-5、图1-6）。

图1-3　北宋　王希孟　《千里江山图》

2. 结构差异

中式传统服装体系建立在平面十字结构的基础上，这种结构能最大限度地利用面料，减少破缝，保持织物完整性，暗合古人天人合一、天衣无缝的境界追求，也是华夏先民敬物的美德体现。服装形态上，中式服装宽大，适宜穿着，并不刻意凸显形体，只在一动一静之间随衣物滑动隐约展露曲线，如泼墨山水画中远近虚实、浓淡合宜的勾勒，充分体现了传统中式审美简单自然、含蓄内敛的精神风貌。西方服饰文化体系建立在立体裁剪的基础上，着重围绕人体、表现人体，女性服装不吝裸露肌肤、勾勒曲线来展现人体之美，男性服饰则凸显肩宽，通过填充胸绒来展现阳刚之气。利用省道、分割、填充等工艺把面料塑造成符合人体、重塑人体的立体形态是西式服装的显著特点。

图1-4 《蒙娜丽莎》——列奥纳多·达·芬奇（Leonardo da Vinci）

3. 材质差异

服装材质的差异也是形成中西方服饰文化不同发展方向的原因之一。

早在距今五六千年之前的新石器时代中期，华夏先民便开始了养蚕、纺丝、织绸的历史，而丝绸文化也是中国传统服饰文化中浓墨重彩的一笔。丝绸飘逸柔美的质感结合宽袍大袖的服饰造型，演绎出"素纱禅衣"的朦胧意境，如敦煌壁画中服饰灵动飘逸、行云流水的美。

西方国家因其地理环境影响，服装面料以亚麻与羊毛为主，其面料特性更适于塑"形"。秦汉时期，丝绸之路形成，丝织物大批流入西方各国，并在西方上层社会掀起热潮。然

图1-5 龙袍

图1-6 裙撑

而文化差异致使中西方对丝绸的应用有着不同的表现，相比丝绸柔软垂顺的特性，早期西方服饰更注重绸缎光泽表面的"装饰"属性，因此更偏爱质地厚实、粗硬的丝绸品种，如绸缎、织锦等，对于较轻薄的丝绸面料，则喜用上浆、复合、加筋等方式增加硬度以便于造型。

第二节　国风服饰品牌介绍

近年来，国风品牌市场总体发展势头良好，新锐品牌及众多网络原创设计品牌的异军突起为国风品牌市场注入了新的活力。

以风格分类，品牌市场大致可分为传统型中式服装、改良型中式服装、时尚型中式服装、民族风中式服装四大类。

传统型中式服装品牌是指延续传统工艺与制作方法的服装品牌，产品以旗袍和中式上衣为主，多采用量体裁衣的传统方式，倾向节日、婚庆场合着装。其中具有代表性的品牌有瑞蚨祥、木真了、格格、昊腾、内联升等。改良型中式服装品牌以华服和新中式理念为产品核心，中西合璧，在传统元素中融入现代审美顺应流行趋势，几乎涵盖了所有服装类别，具有代表性的品牌有上海滩、夏姿·陈、荷木、天意·莨缘、曾凤飞等，这类品牌相对其他类别是数量最多、分布最广的，涵盖了高、中、低不同市场定位，节日、婚庆、商务、日常穿着均能在此类服装中选择。时尚型中式服装品牌指服装产品的设计不以国风为主，大部分服装中不含有中式元素，只有某一季度或部分产品中对中式元素进行再设计后运用于服装。这类品牌的服装通常更适合于日常穿着，如例外、江南布衣、单农等。民族风中式服装品牌特点在于采用少数民族服装灵感的设计，比较多的是将民族特色的图案或色彩运用于服饰中，多适用于休闲服饰类别。代表性的品牌如裂帛、五色风马、七色麻等。

一、夏姿·陈

夏姿·陈作为一个时尚品牌，始终秉持着创造"华夏新姿"的精神。品牌于1978年成立，专事于设计与生产高级女装，至今已成为拥有高级女装、高级男装、高级配件以及高级家居装饰品的综合品牌。夏姿·陈致力于国际市场的拓展，1990年即于巴黎成立工作室，并于2001年10月正式设立巴黎门市，成为首批进驻欧洲的时尚品牌；夏姿·陈对服装及品牌的专业与努力，获得国际媒体的诸多赞誉。2003年，《亚洲华尔街日报》（ *The Wall Street Journal Asian* ）评选夏姿·陈为值得瞩目之品牌；2004年1月，《金融时报》（ *Financial Times* ）评选夏姿·陈服饰为年度热门时尚品牌之一，与来自全球的国际精品名牌并驾齐驱。

夏姿·陈除了有着当代东方风格的演绎外，还融合了西方顶尖的巧夺天工与东方细腻的匠心独具，其为东方美学量身定制的不仅是时空的转移，更有着迎接未知的新意味。

1978年初创立于中国台湾的"夏姿"，含义为"华夏新姿"，自然而然是希望通过创作的转化，让历史的风采与时代的风貌变成恰到好处的裁剪轮廓，最后再将"初衷"当作织标，巧手缝在引领处。对品牌文化而言，夏姿·陈坚持不随波逐流的信念，时尚不仅是时尚，而是人文生活的反观，高品位更足以传世不朽，让经典服饰流传至今。

　　夏姿·陈品牌设计总监暨品牌灵魂人物——王陈彩霞，对服装工艺坚持丝丝入扣的态度，从布质的触感到光泽的呈现，再到纹样图腾，都一丝不苟、严格要求；从元素的研发延伸到技术的工法，都力臻完美（图1-7、图1-8）。

图1-7　夏姿·陈品牌服饰1

图1-8　夏姿·陈品牌服饰2

二、天意·莨缘

　　天意·莨缘（TANGY）创立于1995年，品牌视原创设计为灵魂，将"平和、健康、美丽"的品牌理念与中国文化精髓"天人合一"的和谐境界贯穿于服装设计开发的各个环节，产品以注重健康、便捷的日常女装及饰品为主。品牌大量运用了莨绸面料，给了"天意"一份经岁月沉淀的厚重、悠远之感（图1-9～图1-11）。

　　品牌创始人梁子生于江南，求学西安，又曾游学于巴黎、纽约、伦敦，与莨绸邂逅，便被其独特、古朴的气韵深深打动，从此痴迷莨绸，经多方寻访并亲身投入研究，对莨绸工艺进行传承和创新，使这种传统面料以时尚面貌登上国际舞台，再度焕发光彩。梁子被《时尚芭莎》誉为中国时装界的环保大师，为中国时装设计界最高奖"金顶奖"获得者。

图1-9　天意·莨缘品牌卖场

图1-10　天意·莨缘品牌服饰1　　　　　　　　图1-11　天意·莨缘品牌服饰2

三、荷木

荷木于2010年成立于中国上海，以东方元素及人文情怀为设计起源，秉承着原创、禅意及传承东方文化的信念，致力于打造优秀的中国原创设计师品牌。荷木以中国浩瀚的文化为设计灵感；坚持低调、大繁至简的设计态度，用最天然的材质，加以最本源的设计，诠释一种东方之美（图1-12、图1-13）。

荷木追求的是一种东方雅致的生活方式，面向群体崇尚东方文化的人文情怀，对服装与自我有着清晰的认知。其认同和热爱中国传统文化，对服饰具有独立的思考和极高的艺术审美，致力于构建一个独特而极具东方美学的世界。

图1-12　荷木品牌服饰1　　　　　　　　　　图1-13　荷木品牌服饰2

四、花木深

花木深是上海晏利服饰有限公司旗下的改良中式女装品牌，秉持让喜爱中式文化的国人多一种选择的同时，也能穿出衣冠上国文化自信的品牌愿景。

东西方融合的新东方美学女装是花木深的灵魂标签，所有的灵感皆源于对东西方文化的理解与延续，兼有对时尚搭配的理解，不仅打破常规的中式改良手法，大胆探寻全新的设计视角，更将中国文化艺术中独特的意境与美感，不论花鸟虫鱼、诗意本体，抑或民族韵味，与西方的时尚设计理念结合。它不仅是一个时装品牌，还是一种敢于表达自我的着装态度（图1-14、图1-15）。

花木深提倡安静、从容的处世哲学。于事：尊重生命原本的状态，不争不抢、不烦不躁、不随波逐流、不喧闹聒噪；于衣：崇尚纯粹与天然，在高贵优雅中体现知性纯美的本色，华而不炫、贵而不显，保持着装与内在思想的统一，始终走在"忠于自我"的路上。

图1-14　花木深品牌服饰1　　　　　　　　　　图1-15　花木深品牌服饰2

五、曾凤飞

曾凤飞品牌是中国十佳时装设计师曾凤飞以自己名字命名的中式男装品牌，是曾凤飞先生艺术理念的结晶。自创立以来，曾凤飞品牌坚持延续曾凤飞先生的核心设计思想，以独特的"礼吉常行"为产品开发指导体系，坚持传统文化融合现代时尚，开发高品质、高品位的中式现代生活着装。曾凤飞品牌严格谨慎地甄选营业门店，目前所有品牌店都开设在高端商场，并以中式特色的时代风尚在同质化严重的商业竞争中独树一帜。著名美术评论家、中央美术学院院长范迪安先生以"国风汉韵，时代新裁"八个字概括了对曾凤飞品牌的评价（图1-16、图1-17）。

图1-16　曾凤飞品牌服饰1　　　　　　　　　　图1-17　曾凤飞品牌服饰2

　　十年磨砺，曾凤飞已经提炼出了具备相当辨识度的设计风格，他对中国元素与现代男装的结合手法应用得炉火纯青。在浩瀚的中国传统服饰文化海洋中，精彩的中式元素被信手拈来，经过设计师的思考和精妙的解构整合，应用在现代男装上，为古朴深厚的中国风注入了时尚的生命力。曾凤飞认为，推广中国特色的着装理念，仅仅有高端定制的小众人群是不够的，更重要的是能获得更多大众消费者的支持。在数年的运营中，曾凤飞品牌已经作为独特的现代中式男装品牌昂然进驻多家全国顶尖的奢侈品商场，如北京SKP、沈阳市府恒隆广场等，甚至跻身国际品牌区，以一名服装设计师的敬业和执着，凭借中国文化背景资源，与众多历史悠久、团队完善、资金雄厚的国际品牌一较短长。

六、倒叙

　　倒叙品牌成立于2016年4月，是一家从事秀禾服、旗袍、龙凤褂等中式礼服的研发设计、生产销售、定制的综合性品牌运营公司。

　　倒叙是国内中式礼服领域的创新者，将中国风以崭新的形式呈现给国人，让消费者感受到全新时代的中国风。独特的设计、精致的裁剪，体现出中式嫁衣的时尚感。倒叙新中式嫁衣俨然成了当下流行的风潮，不管是色彩创新多样化，还是中西元素的融合，都深受现代"90后""00后"年轻人的欣赏与喜爱。倒叙不沉溺于传统，也不迷失于浮华，拥有独属于倒叙品质的价值观。它不仅是一种风格，更是对新时尚的生活态度（图1-18、图1-19）。

图1-18 倒叙品牌服饰1　　　　　　　　　　　　　图1-19 倒叙品牌服饰2

七、三寸盛京

三寸盛京品牌诞生于2016年，品牌背后蕴藏着设计师张彦的匠心独具。他遍访各地，集结了一众艺术家、传承人和手工匠人，共同创建了一支独具特色的团队。如今，三寸盛京已拥有独立的生产工厂、高级定制工坊、专业刺绣工坊，以及一支由专业设计师和技术人员组成的精英团队。品牌以全方位、多角度的视野，展现了中华文化的深厚底蕴。

"三寸盛京"之名，灵感来源于道家哲学中的"一生二，二生三，三生万物"的理念。其中，"三寸"象征着无限创造的力量，而"盛京"则承载着历史的厚重和文化的瑰丽。盛京（今沈阳市），作为一朝的发祥地，见证了两位古代帝王的统治，也承载了古城千年前的荒芜与丰沃、百年前的衰败与昌盛。品牌名由此而来，意在传承历史、弘扬文化。

三寸盛京的品牌主张是"中国故事，年轻美感"。他们采用创新的中式裁剪方式，以中国传统文化故事为核心设计元素，通过年轻的视角和时尚的廓型来展现传统文化的独特魅力。中式美学的内敛、包容、中正、平和等特质，在服装的廓型、色彩、材质等方面得到了完美体现，并融入了时尚创新的元素。三寸盛京2024年春夏系列产品展现了品牌对中国传统文化的致敬和对现代审美的追求（图1-20、图1-21）。

图1-20 三寸盛京品牌服饰1

图1-21 三寸盛京品牌服饰2

图1-22 密扇品牌服饰1

图1-23 密扇品牌服饰2

八、密扇

密扇是一个独具匠心的品牌，源自浙江杭州，由设计师韩雯与冯光于2014年联手创立。作为"潮范中国风"引领者，密扇经过四年的国内深耕后，于2018年与天猫国潮团队携手，共同开启了海外市场的崭新篇章。

密扇的设计理念独树一帜，将中国传统文化进行抽象化的重塑，并融入当代审美观念与艺术元素，呈现出一种全新的"潮范中国风"。以服装为载体，密扇打造出富有东方神韵的新美学，为年轻人提供了独特的潮流穿搭选择，满足他们对传统文化的热爱与追求。设计师坚信，东方风格在历史上曾多次风靡全球，如今正是东方风潮再次崛起的黄金时期，为中国品牌提供了走向世界舞台的绝佳机会，中国潮将逐渐演变成一种全球性的潮流趋势。

密扇品牌的核心在于，以设计为主导，通过服装这一媒介，传递出基于中国传统文化和东方审美哲学的现代生活方式。目前，密扇产品线涵盖高端定制、常规系列"密扇MUKZIN"以及子品牌"百戏局"，旨在吸引18~35岁具有独立思考能力和热爱中国文化的都市青年。密扇不仅是一个服装品牌，更是一种生活态度的体现，是对东方美学的传承与弘扬（图1-22、图1-23）。

九、M essential

M essential，一个深受现代女性喜爱的时装品牌，其设计理念深深植根于国际化的新时代，同时又不失古代大家闺秀的风采。该品牌以"all about love"为精神内核，致力于探索当代东方美学与现代生活方式的和谐共融。M essential立足于中国深厚的文化底蕴，巧妙地将传统手工艺融入时装设计中，为现代都市女性带来一种别具一格的中式美学穿搭体验。

品牌创始人马凯是一位富有远见的设计师，他坚持将传统与现代材质进行创新性融合，对传统材质进行延伸研发，从而营造出一种精致而现代的东方生活方式。这种设计理念不仅展现了女性的静谧与优雅，更彰显了M essential的独特魅力。

M essential主要服务于30~45岁、具备一定购买力和时尚品位的女性群体。这些女性通常拥有独立自信的性格，注重个性表达、品位追求和文化内涵。她们一般是职业女性、文艺青年或时尚博主，对时尚潮流保持关注，但更注重服装的品质感和设计感。她们希望穿着的服装能够展现自己的独特气质和个性风格。品牌以"essential"为名，意在表达对时尚的态度，即放下设计，回归本源，关注日常生活，倡导自信穿衣，融合传统与现代之美，并注重人文关怀。这些理念共同构成了M essential独特的品牌风格和定位，使其在时尚界中独树一帜（图1-24、图1-25）。

图1-24 M essential品牌服饰1

图1-25 M essential品牌服饰2

十、楚念贰问

楚念贰问是一个融合中式特色文化元素与现代时尚潮流的男装品牌，注重设计、品质和传承与创新，旨在为现代男性提供具有独特魅力和风格的服装选择。

楚念贰问以新中式男装为定位，通过巧妙融合传统文化与现代审美，打造出独特的设计风格，展现出浓厚的中国风韵。楚念贰问注重产品的设计和品质，从面料选择到工艺处理都力求做到精致和考究。品牌产品线丰富，涵盖了多种男装外套品类，如中山装、唐装、国风西装、国风刺绣外套、棉麻衬衫外套等，能够适应不同场合和需求的穿着。楚念贰问品牌的消费者主要集中在追求个性、注重品质和文化内涵的现代男性。

此外，楚念贰问品牌还注重传承与创新，在传承中国传统文化的同时，不断创新和突破，将传统元素与现代时尚相结合，创造出具有独特魅力和风格的服装产品。这种独特的品牌特色使楚念贰问在新中式男装领域具有较强的竞争力和吸引力（图1-26、图1-27）。

图1-26 楚念贰问品牌2024春夏男装1　　　　图1-27 楚念贰问品牌2024春夏男装2

十一、克里斯朵夫·瑞希

克里斯朵夫·瑞希（Christopher Raxxy）创立于2018年，由设计师沈威廉和超模方佳平在意大利米兰和中国上海同时成立，以羽绒服品类为主。品牌创始人兼设计总监沈威廉主张将中国传统文化用现代、年轻、科技的方式呈现。该品牌将数字化概念与江南非遗文化"竹编工艺"相结合，让龙与长城、四时节令等中国特有的文化以别具一格的方式出现在人们面前（图1-28～图1-30）。

图1-28 克里斯朵夫·瑞希2023秋冬系列《寒》

图1-29 克里斯朵夫·瑞希2021秋冬系列《长城》

图1-30 克里斯朵夫·瑞希2023秋冬系列《寒》

十二、有耳

有耳（UARE）创立于2010年，创始人聂郁蓉毕业于中央美术学院。有耳的命名源于"有耳乃闻，用心倾听"，作为年轻的设计品牌，其定位于基于自身状态的生活追求，通过对时尚品位的个性化解读，从而塑造出具有自我生活状态的演绎。

有耳崇尚自由轻松的生活态度，关注中国本土文化和当代人心里显而易见的小情结，善于发现，通过轻松、自然、诙谐的方式表达情感（图1-31~图1-33）。

图1-31　有耳品牌服饰1　　　图1-32　有耳品牌服饰2　　　图1-33　有耳品牌服饰3

实训项目

1.线上调研，分析国风元素流行趋势。

2.线下调研一个国风服饰品牌，完成品牌调研报告。

第二章
传统服饰文化

课程名称： 传统服饰文化。

课程内容： 中国传统服饰及文化内涵、传统服饰形制。

课题时间： 8课时。

教学目的： 让学生对中国传统服饰及文化内涵有一定的认知，了解传统服饰的发展历史，熟悉中国传统服饰的形制。

教学方式： 通过理论讲解、图片演示及案例分析，讲述并分析传统服饰及文化内涵。

教学要求： 1.了解传统服饰及其文化内涵。
2.掌握中国传统服饰形制。

课前准备： 收集中国各个朝代的典型服饰图片素材，并查阅中国服饰史相关书籍。

　　中国传统服饰被誉为中国国粹和中国服饰之代表，是中华民族乃至人类社会创造的宝贵财富。中国素有"衣冠王国"之称，上起史前，下至明清，无数精美绝伦的服装是中华各民族创造的宝贵财富，在世界服饰史上占据十分重要的地位。中国服装的发展和演变，既深刻反映了社会制度、经济生活、民俗风情，也承载着人们的思想文化和审美观念。

　　中国传统服饰作为中华文化和人类文明的璀璨瑰宝，被誉为中国服饰文化的杰出代表。从远古时代到明清时期，精致绝伦的服饰不仅展现了中华各民族的无尽智慧和创造力，还在世界服饰历史中占据了举足轻重的地位。中国传统服饰的演变与发展，既深刻反映了社会制度和经济生活的变迁，也承载了丰富的民俗文化、思想观念和审美取向。

第一节　中国传统服饰及文化内涵

　　服饰是社会文化的一个符号，是人类文明和审美思想的指向标，反映着不同历史时期的社会风貌、人们的思想和传统理念。服饰作为一个民族演进和发展的重要载体之一，既是劳动人民智慧的体现，也是一面人类物质文明和精神文明的镜子，承载着一个历史时期的文化心态、宗教观念、礼制审美和生活习俗等。《易经·系辞》记载，"黄帝、尧、舜垂衣裳而天下治"，可见中国服饰文化发展源远流长，并且蕴含着丰富的传统文化理念。

一、龙凤纹样的服饰图案

　　体现着皇权威严的龙凤图案是中华民族服饰最富有特色的纹样之一，它不仅积淀了深厚的华夏文明，也体现了中华传统文化的核心理念。在中国古代，龙凤图案一直是皇权的专用纹样，成为权力的象征。龙凤纹样在服饰中的运用始于殷商时期，造型抽象怪诞；至春秋战国，龙凤纹样变得富有生气，并开始与皇族文化相融合（图2-1）；发展至唐代可谓繁荣期，龙凤纹样华丽精致。杜甫《秋兴八首其五》中的"云移雉尾开宫扇，日绕龙鳞识圣颜"描写的就是皇帝服饰中的龙纹图样十分生动形象（图2-2）。此后历代君王都将龙纹作为帝王服饰的纹样，且形式多变、造型丰富。凤凰作为帝后服饰中的图案，也是身份和地位的象征，与皇帝的龙纹相呼应，不仅体现在服饰的刺绣上，也体现在女性的头饰上。唐宋以后，男性官服上也出现凤凰图纹，成为权力高低的象征。

　　龙凤纹样在服装中能经久不衰，有其特定的社会文化背景，同时，也蕴藏着浓厚的中式韵味，深受人们的喜爱，表达着人们对美好生活的向往，对幸福未来的憧憬，以及对祝福世代相传的希冀。龙凤

图2-1　战国时期龙纹玉佩

图2-2　《唐太宗画像》中身着龙纹圆领袍的皇帝

呈祥、龙飞凤舞等都寓意着美好的事物，这是千百年来根深蒂固于人们思想中的印记和传统理念。直到现代，龙凤图纹仍然是中国服饰中的重要纹样，在服饰文化的对外交流中占有举足轻重的地位。

二、服饰色彩彰显封建等级和时代审美趣味

服饰色彩差异最为明显的应属古代官服，其色彩象征着官员品级的高低。官服以颜色分级别的形制始于唐代：三品以上官服为紫袍，五品以上官服为绯袍，六、七品官服为绿袍，八、九品官服为青袍（图2-3）。白居易《琵琶行》中"江州司马青衫湿"表达的是仕途不济的悲伤心情，对服装的描写说明其官位级别低下。

图2-3 唐 李贤墓壁画中身穿绯色官袍的鸿胪寺官员（左三）

虽然历代的官服在形式和色彩上可能会有所不同，但是其内涵寓意如出一辙，即体现着儒家的等级思想和忠君报国的理念，这是传统文化理念在服装色彩中淋漓尽致的体现和运用。

服饰中的色彩差异不仅是封建等级的坐标指向，也是社会审美趣味的反映。例如，唐代文明开化、繁荣多元，其服饰色彩也是丰富多样，形式多变新颖，有明显的外来文化和民族多元化的特性；宋代崇尚文治，其服饰色彩与唐代相比，款式缺乏创新，色调趋于单一，有向质朴、洁净、自然倾斜的趋势。可见，不同社会历史时期的服饰色彩也有考究，反映了不同时期的社会风貌和人文气息。

三、服饰布料考究细致，反映社会地位和宗法制度

以古代丧服制度为例，丧服是指血缘关系网中的一人死亡，亲属遵守规定穿着特定的服饰以示哀悼。

服制分为五等，即斩衰、齐衰、大功、小功和缌麻，各等级丧服布料有所不同。斩衰服以粗麻布制作，不缉边，是近亲穿着的丧服，如子女为父母服丧、妻为夫服丧；大功以粗熟布制作，是关系稍远一些的人穿着的丧服，如妻为夫之祖父母服丧等。它体现的是古代宗法原则，"亲者、近者其服重，疏者、远者其服轻"的传统思想得到印证，是儒家的礼仪制度与宗法制度的结合。

同时，布料还是不同身份和地位的象征。古代平民百姓、奴仆穿的都是褐、布衣。褐是粗糙的麻、毛编织品，布则比褐细致一些，成为平民百姓的衣着布料。《诗经·七月》中的"无衣无褐，何以卒岁"描述的就是社会最底层的劳动者的生活，是当时劳动人民的常服（图2-4）。达官贵人的服饰布料多是绫罗绸缎、丝帛锦绢。《红楼梦》中第三回写林黛玉眼中的王熙凤，对其服饰有重点描写，"身上穿着缕金百蝶穿花大红洋缎窄裉袄，外罩五彩缂丝石青银鼠褂"，把富贵显达的身份表现得恰如其分（图2-5）。

图2-4　仇英的《清明上河图》中平民百姓多穿着短褐　　　　　　　图2-5　《红楼梦》中王熙凤的服饰造型

四、玉佩作为服装配饰，体现文人雅士的高端品行

配饰是服装的重要组成部分，起到画龙点睛的作用。与现代人们的装饰物不同，古代人常以佩玉为装饰，这与其理念思想和玉本身的品性密不可分。

中国历代文人都秉持"正以修身、平治天下"的理念。首先在古代，玉一直与封建等级制度密切联系，是达官贵人的饰物。《礼记·玉藻》载："天子佩白玉而玄组绶，公侯佩山玄玉而朱组绶，大夫佩水苍玉而纯组绶。"其次，玉还镀着一层神秘的宗教色彩，古人把玉器作为辟邪之器，寓讨吉祥之意，这与古代生产力低下、人们的认知水平较低有极大联系。最后，玉是古代伦理道德的重要标志，玉的洁白纯净与仁、礼、乐、知、忠、信等品德联系在一起，因此也深受文人墨客的推崇，喜爱随身佩戴。不管是自身修

图2-6 古代男子所用玉带钩

养，还是君子之交，都与玉本身蕴含的良好品德相关联（图2-6）。

古人佩玉在腰间或镶嵌于帽毡，以示身份和地位，在起到装饰作用的同时，流露着人们的思想修养和传统观念，是服饰发展史上重要的组成部分。

服饰作为一种文化形态，贯穿了中国古代各个时期的历史，从服饰的演变中可以看出历史的变迁、经济的发展和中国文化审美意识的嬗变。无论是商的"威严庄重"，周的"秩序井然"，战国的"清新"，汉的"凝重"，还是六朝的"清瘦"，唐的"丰满华丽"，宋的"理性美"，元的"粗壮豪放"，明的"敦厚繁丽"，清的"纤巧"，无不体现出中国古人的审美设计倾向和思想内涵。但某一时期的审美设计倾向、审美意识并非凭空产生的，它必然根植于特定的时代。在纷乱复杂的社会现实生活中，只有将这种特定的审美意识放在特定的社会历史背景下加以考察才能见其原貌。"天人合一"的思想是中国古代文化之精髓，是中国传统文化最为深远的本质之源，这种观念产生了一种独特的设计观，即把各种艺术品都看作整个大自然的产物，从综合、整体的观点看待工艺品的设计，服饰也不例外。

第二节　传统服饰形制

中国传统服装有两种基本形制，即上衣下裳制和衣裳连属制。"形制"这个词类似于今天人们所说的"款式"，但是谈及传统服饰时用"形制"，不用"款式"。因为"形制"一词还有典章制度的含义，古代社会是把服装作为衣冠制度看待的。

一、衣裳制（上衣下裳分裁制）

上衣下裳制即把上衣和下裳分开来裁，上身穿衣，下身穿裳，下裳中的"裳"即裙子。上衣下裳制是汉服体系中最古老的形制。汉语所谓"衣裳"就是来源于此。"上衣下裳"是我国古代最基本的服饰形制，也是历代男子礼服的最高形制，一直到明朝都是如此，如冕服、玄端（图2-7）。

图2-7 男子礼服玄端

二、深衣制（上下连缝制）

深衣制是上衣和下裳分开裁剪，在腰部相连，形成整体，即上下连裳，在裁剪上就是分别裁好上衣和下裙，然后缝缀在一起，最后衣服还是一体的样式。男女均可穿深衣，既可作为礼服，又可日常穿着，还可做君主百官及士人燕居（非正式场合）时的休闲类服饰。深衣的历史可追溯至三千多年前，主要普及于战国至汉代，此后逐渐转为礼仪服饰，直至明末清初退出历史舞台。深衣有两大类：直裾和曲裾。深衣主要作为正规场合礼服，男女皆可穿，其大气儒雅、中正平和、韵味十足（图2-8、图2-9）。

 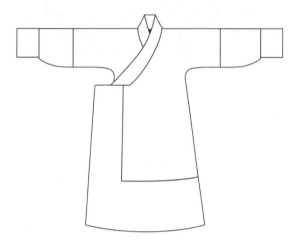

图2-8　直裾深衣

 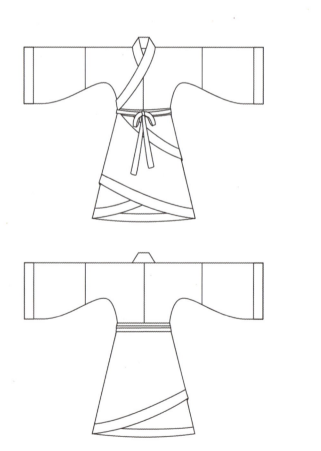

图2-9　曲裾深衣

三、袍服制（上下通裁制）

袍服制即用一块布裁出上衣和下衣，中间无接缝，自然一体，明显区别于上衣下裳制和深衣制。这一形制始创于隋唐，在当时是一个创举，因为自古汉服都是分上下两截的。上下通裁制的种类很多，有圆领袍、襕衫、直裰、直身、道袍、褙子、长衫、僧衣等。其流行时期在宋代和明代，皇帝和贵族平时也喜欢穿着，更是文人墨客的休闲装（图2-10、图2-11）。

图2-10　唐《步辇图》中唐太宗身着圆领袍服

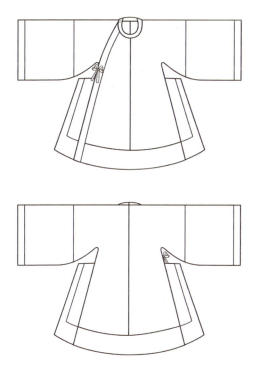

图2-11　明《夫妇容像》局部图中的男子身着襕衫

四、襦裙制（上下衣裳的演变）

襦即短上衣。襦裙不是一种裙子，而是上襦加下裙，是一套服饰的统称。襦裙的本质还是上衣下裳制，古老的上衣下裳发展到春秋战国之后往往称为襦裙，汉朝以后又被特指为女子襦裙：短衣长裙，腰间以绳带系扎，衣在内，裙在外。各朝各代在襦裙的基本形制下衍生出高腰襦裙、半臂襦裙、对襟襦裙、齐胸襦裙等款式，这些款式没有太多的礼仪规定，一般用于常服，所以普及面很广（图2-12）。

图2-12　唐　张萱《捣练图》局部图中的女子身着高腰襦裙

实训项目

1. 分析中国传统服饰中各个朝代的襦裙款式特点。
2. 根据襦裙的款式特点进行现代服饰的改良设计。

第三章

国风服饰设计要素

课程名称： 国风服饰设计要素。

课程内容： 传统服饰色彩、传统服饰图案、传统图案的变化与应用、面料与刺绣工艺。

课题时间： 24课时。

教学目的： 让学生认识中国色彩与图案，掌握国风图案在现代设计中的应用，初步了解图案工艺。

教学方式： 通过理论讲解、图片演示讲述历史中"潮流"的演变。

教学要求： 1.中国色彩的演变及配色规律。

2.了解中国传统图案的演变及创新应用的变化手法。

3.了解国风服饰面料与刺绣工艺的相关理论知识。

课前准备： 收集、考古传统服饰图案。

　　服装是与文化共生的，它的形成和发展与文化起源及历史进程密切相关。传统服饰元素及其特征不仅反映了不同民族鲜明的服饰特色，更映射出不同时代、地域的不同阶层的生活形态及思想观念。本章通过对传统服饰色彩、面料以及图案工艺等设计要素的介绍，为国风服饰设计方向提供思路与启发。

第一节　传统服饰色彩

　　色彩是服饰设计要素之一，不同色彩往往能够传递给人不同的视觉及心理感受，"中国色"经历了华夏五千年文明的洗礼，沉淀出其独有的韵味，展示着独属于中国的美。华夏传统配色的"五色观"脱胎于"阴阳五行学说"，融合了宇宙、自然、人伦、哲理等前人的智慧与哲思，是古人解释世界、划分等级、追求美好的表现形式之一（图3-1）。

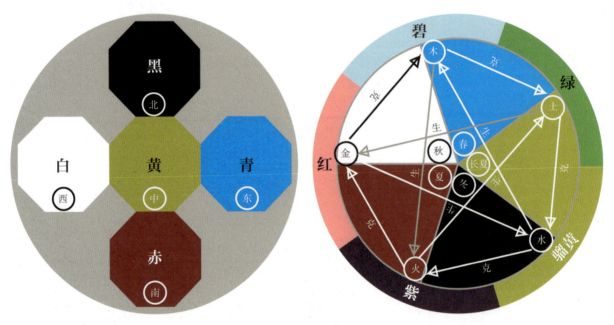

图3-1　五色系统

　　自有记载以来，远古先民在昼夜交替、四季轮转的自然变化中发现了色彩，从混沌一色到二色初开，经历三色、四色，最终形成由黑、白、赤、黄、青组成的五色系统。

　　至春秋，自"五行"一词出现，五数之说开始形成，赋予了五色系统哲学思想与文化内涵，也形成了五色观审美的独特之处。古人认为，世间一切皆由金、木、水、火、土五种物质衍生而成，而五色以黑、白、赤、黄、青为正色，对应五行分别为白金、青木、黑水、赤火、黄土。紫、红、碧、绿、骝黄作为五间色也应运而生。五行生万物，五色生万色。五方、五季、五味、五音也与五色相对应。

　　不同朝代崇尚不同的颜色，反映了其朝代特点。下面对中国古代最具有代表性的六个朝代——汉、唐、宋、元、明、清进行服饰流行颜色的分析。

一、汉代服饰色彩

　　前202年，汉高祖刘邦建立汉朝。在汉初，道家受到推崇，而到了汉武帝时期及以后，儒家思想逐渐占据主导地位。这些思想流派的影响，使汉代服饰追求一种浑然一体的"本质美"。汉代服饰以单色和独色为主流，崇尚暗淡色系，呈现出端庄大气、质朴自然的风格。这些服饰不仅体现了"礼治、道统"的思想，更在布料染色上严格遵从阴阳五行的信仰，认为深色系尊贵，而浅色系显得低俗。当时流行的服饰颜色主要有明度偏低的玄色、赤色、白色和绿色（图3-2）。这些色彩的选择与搭配，充分展示了汉代服饰文化的独特魅力。当时的人们认为万千世界发自"道"，"道"表现为玄黑之色，因此万千世界的色彩斑斓都从玄黑中生长出来。自汉武帝时期以后，鉴于上古五帝时期的朝代更迭顺序遵循五行相生的原则，朝廷决定将水德改为火德，并将赤色定为尊贵的服饰色彩。因此，赤色逐渐成为汉朝最为流行的颜色。绿色在色彩等级中位列赤、玄之后，却成为平民阶层的常用色，因此逐渐在汉代服饰中占据流行地位。此外，绿色在视觉上带给人平和的感受，这与汉代推崇的"清净""无为"的精神气质相契合，同时也与儒家思想追求的"中庸"之美相呼应。在汉代，白色是平民可穿的颜色，同时也是服饰搭配中最常被应用的颜色。它以自然、未经漂染的特质，展现出极致的简素与质朴之美。

东汉 《君车出行图》画像石

杨桥畔东汉墓 孔子见老子壁画（局部）

汉 直裾深衣

东平石室墓壁画

图3-2 汉代服饰色彩

二、唐代服饰色彩

唐代服饰风格典雅华贵，色彩鲜艳明快，花纹繁复细腻，善于运用鲜明的对比色进行搭配，充分展现了唐代包容开放的时代风貌。在唐代，绯红、绛紫、明黄、青绿等色彩特别流行于服装之中（图3-3）。

绯红色是唐代最流行的颜色，它经常与间色绿色相搭配，这种鲜明的对比给人带来强烈的视觉冲击力。与此同时，紫色作为贵族的象征，其高贵典雅的气质深受唐代贵女的喜爱，常被用来点缀她们的服饰。在唐高宗时期，黄色因与太阳同色而被视为帝王的专属颜色。为了维护皇帝的尊严，朝廷禁止官民穿着黄色，仅将赭黄色定为皇帝的日常服饰专用色。这一规定无疑为黄色增添了更加尊贵的地位。除此之外，青绿色也是唐代服饰中常见的流行色。它常常与朱红色、朱黄色、白色等颜色相互搭配，这些色彩之间的对比和呼应，使整个服饰更加绚丽多彩。青绿色以其独有的明快清新的色彩表达，展现出唐代的生机与活力。

唐　张萱《虢国夫人游春图》局部

唐　周昉　《簪花仕女图》

唐太宗画像

图3-3　唐代服饰色彩

三、宋代服饰色彩

不同于绚丽多彩的唐朝，宋朝服饰美学更趋于独特的素雅之美，强调本色，以淡雅为尚。淡红、珠白、淡蓝、浅黄是宋人较为喜爱的颜色，色彩均偏中高明度、纯度偏低。宋人不追求唐代的花红柳绿，喜欢在同一色系上追求变化，对比色应用较少，色彩不如以前鲜艳，颜色搭配十分协调（图3-4）。

宋代对服饰颜色的约束达到了极点，服饰的颜色拘谨、保守，色彩淡雅恬静，连使用色彩中最为艳丽的红色时，也多用淡红色。宋代人青睐白色的淡雅，除纯白外，还喜爱月白、青白、珠白、粉白。淡蓝色在宋代十分流行，它最接近如玉的谦谦君子形象，那种素净温润、闲散淡远的自然美，有着内在的丰厚与光芒。

李公麟《爱莲图》

宋徽宗《瑞鹤图》

刘松年《宫女图》

图3-4　宋代服饰色彩

四、元代服饰色彩

元代是中国古代服饰用色最特殊的时代，因为它是由北方草原游牧民族建立的政权。在色彩运用上，元代审美崇尚自然，流行色主要有金、蒙古蓝、灰褐、翠绿四色（图3-5）。

元代达官贵人对织金锦情有独钟，以金色为尊，借此彰显自己的财富和社会地位。由于北方地区寒冷干燥，环境色彩相对单调，金色的衣物犹如太阳般璀璨，为当地居民带来一丝温暖与希望。蓝色，在蒙古语中被称为"呼和"，是蒙古族的精神象征，代表着永恒、坚贞和忠诚。早期的蒙古人喜欢蓝色和白色，蓝白的青花瓷兴盛于元代正是源于此。在元代严格的服饰颜色等级制度下，民间被禁止穿着褐黄、柳芳绿等鲜艳的颜色。这使得民间服饰的颜色逐渐转向灰褐色系，如银褐、茶褐、丁香褐等，以适应这一制度。在四季分明的地方，绿色象征着生机盎然的草原，给人带来安全、平静和舒适的感觉。绿色也代表着充足的食物和水源，因此蒙古族人民对绿色的喜爱深深融在他们的血脉之中。

元宁宗皇帝画像

元 壁画《朝元图·举笏太乙》

图3-5 元代服饰色彩

元代织金锦辫线袍

五、明代服饰色彩

明代崇尚儒家"礼乐仁义"的道德思想，把五色与"仁、德、善"相结合，定为正色，是尊卑、等级的象征。大红、宝石蓝、葡萄紫、草绿是明代服饰中较为流行的颜色（图3-6）。明代服饰上承周汉，下取唐宋，具有鲜明的中华文化特色，是华夏衣冠的典范，对后世及周边国家的服饰和审美产生了广泛而深远的影响。明代服饰总体特点是讲究色彩搭配，风格华贵端庄，色彩层次感强。

明代官员画像 土耳其托普卡帕宫博物馆藏　　　　　　　　　　　　　明 仇英《仕女图》

明 《出警入跸图》 台北故宫博物院藏

图3-6 明代服饰色彩

　　明代以火德为象征统治天下，因此红色被视为尊贵的正色，并在皇室贵族中广泛应用，彰显封建统治阶级的王权至上。在明朝，绿色作为平民常用的颜色，在纺纱和染色技术的推动下，服饰中的绿色更加鲜明亮丽。除了红色，达官贵人还偏爱使用青色、绿色、黑色和金色作为辅助色彩。然而，到了明代中后期，随着统治阶级力量的逐渐削弱，人们鲜艳的色彩思想开始解放，其中高饱和染色技术和染料也得到了空前的发展。这使服装颜色变得更加艳丽明快，色彩上的僭越现象越发普遍。民间开始大胆采用高纯度的蓝色。尽管民间服饰颜色以平淡素雅为主，但平民仍然喜欢使用紫色、绿色和浅桃红色等颜色，为明代服饰增添了丰富的色彩。

六、清代服饰色彩

清代服饰在保留本民族传统服饰元素的基础上，吸收了汉族服饰元素，形成了独树一帜的服饰文化。清代的服饰流行色是杏黄、朱红、天青、苍蓝（图3-7）。

清代大襟坎肩

清　顺治帝画像

清　焦秉贞《仕女图》

图3-7　清代服饰色彩

在我国深厚的传统文化中，黄色被尊为中和之色，位居百色之首。清朝时期，黄色被视为阳光的色彩，既灿烂又温暖，同时也象征着黄金的稀有与珍贵。从皇亲贵族到平民百姓，红色和蓝色服饰都深受喜爱。特别是正红色，它是皇帝和皇后的专属色彩，而其他红色在服饰中的应用也相当常见。青色在清代服饰中占据重要地位，这是一种介于蓝色和绿色之间的色彩，给人以清脆、伶俐的感觉。对平民女子来说，青色是她们服饰的主要色调，但其深浅会因年龄和场合的不同而有所变化。在清人的色彩美学观念中，蓝色被视为朴素而典雅的代表。蓝色有多种深浅不同的色调，如清淡的窃蓝、稍重的监德、更重的苍蓝以及最深的群青。其中，"窃蓝"一词来源于秋日天空的颜色，这种颜色既不过于浓烈，也不过于清淡，宛如少女的哀思，因此常被年轻女子用于服饰中。

随着历史的演进，各个朝代的服饰色彩文化不断演变和发展，逐渐构建出独特且富有鲜明特色的色彩体系。这些色彩不仅是视觉上的享受，更承载了深厚的历史文化内涵和鲜明的社会等级制度。现代服装设计领域广泛地从传统服饰色彩文化中汲取灵感，将这些经典色彩与现代设计元素相融合，创造出既具有传统韵味又不失现代时尚感的作品。传统服饰色彩文化为现代设计师提供了一个丰富的创意宝库，使设计师能够从中获取无尽的灵感，创造出更多独具匠心的服装作品。

第二节　传统服饰图案

中国作为一个拥有数千年文化传统的艺术大国，其装饰纹样历史同样源远流长。这些图案不仅展示了中国文化的丰富性和深度，也反映了各个时代的审美观念和社会风貌。以秦汉、隋唐、宋元、明清为代表的不同历史时期，都在服饰图案上留下了独特的印记。

一、秦汉时期服饰图案

秦汉时期的服饰图案展现出独特的美学特征，大气磅礴、明快活泼，设计简练而富有变化。这些图案大量运用流动的线条，通过强调动态线，使纹样形象更加丰富多彩。

在题材选择上，秦汉服饰图案以云纹、鸟纹、龙凤纹等为主，这些图案充满了神秘而浓郁的神话色彩。随着时间的推移，图案的题材逐渐从动物纹向植物纹转变，反映了当时审美观念的演变。此外，受道教思想的影响，马、鹿、鹤等性格温顺、寓意吉祥的动物也开始成为服饰图案的重要元素，为秦汉服饰增添了更多的文化内涵和审美价值，图3-8为长沙马王堆汉墓出土的长寿绣纹样。

长沙马王堆汉墓出土的刺绣中的变体云气纹展现了独特的设计哲学和艺术巧思。这种纹样以自由流畅的线条为基础，通过巧妙的重组和延展，形成了多样化的组合形式，进而塑造出各具特色的刺绣作品。在乘云绣中，凤纹作为核心元素，与花草枝蔓的变体云气纹相结合，创造出"凤鸟乘云"的寓意，象征着吉祥与升腾（图3-9）。而在信期绣中，燕子作为纹样的主角，与花草枝蔓、穗状云气纹的结合，形成了"信期归来"的美好期盼，寓意着期盼与希望（图3-10）。

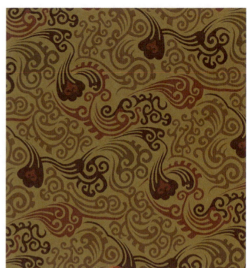

图3-8　长沙马王堆汉墓出土的长寿绣纹样

图3-9　长沙马王堆汉墓出土的对鸟菱纹绮地乘云绣纹样

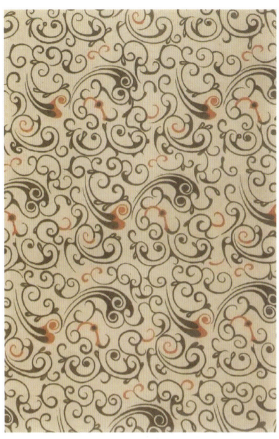

图3-10 西汉信期绣纹样

二、隋唐时期服饰图案

隋唐时期，随着社会的繁荣和文化的开放，服饰图案也变得更加丰富多样。图案的题材进一步扩展，包括花卉、果实、人物故事等。同时，造型上也更加注重对称和平衡，展现出一种华丽而规整的美感。此外，隋唐时期的服饰图案还受到了外来文化的影响，如西域文化、佛教艺术等，这些都为服饰图案带来了新的元素和风格。

隋唐时期服饰图案以团花、宝相花、瑞锦、散点式小簇花、穿枝花和顺向联珠团窠纹为代表。图3-11为唐代宝花纹锦，宝花乃是唐代对团窠花卉图案的一种称呼，学界一般的看法是，宝花最早出现于隋唐年代，宝花和它发展的宝相花是我国传统的服饰花纹样式中最为常见的植物样式的一种。图3-12为唐代联珠团窠动物纹织锦，它们带有明显的异域风格，包括禽鸟、羊、鹿马等。

图3-11

图3-11　唐代宝花纹锦

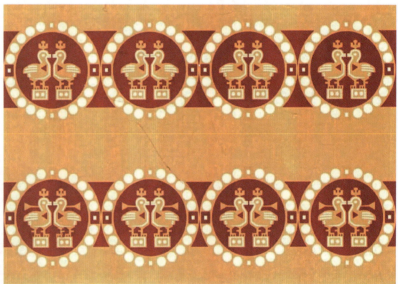

联珠对鸟纹织锦

图3-12　唐代联珠团窠动物纹织锦

联珠对羊对鸟纹织锦

三、宋元时期服饰图案

宋元时期，服饰图案的风格有了显著的变化。受当时理学思想的引导，图案的题材更加贴近自然与生活，如描绘山水、花鸟、人物等。同时，图案的造型手法也日趋写实和精细，呈现出一种清新而淡雅的美感。此外，宋元时期服饰图案还深受文人画的影响，强调意境和气韵的营造。例如，花舟纹样的各种组合，以及禽鸟、瑞兽、婴戏等纹样，每一种都富有深厚的寓意，充分表达了人们对世俗幸福的期盼和追求。这使服饰图案不仅具有更高的文化内涵，还展现出了独特的艺术价值。

婴戏图案在宋代十分流行，上至宫廷贵族，下至普通百姓，对此题材都十分喜爱，图3-13所展示的北宋婴戏纹暗花绫织物，便是这一流行趋势的生动例证。元代印金织物十分流行，与宋人将其主要用于衣襟处不同，元人已将其施于整件衣服。所用工艺包括销金、泥金、贴金、铺金、砑金等，基本上都以罗、绫等素织物为底料。其中最为重要的印金工艺是销金，即先在织物上用凸版印上黏合剂，然后贴上金箔，经烘干或熨压，剔除图案部分外多余的金箔。图案受限于印花版，多为稀疏的小型搭子纹，偶见连续大型纹样，此外还有在印金上加以彩色描绘或套色加印（图3-14）。

图3-13 北宋婴戏纹暗花绫织物

花卉纹绫印金方搭子半臂

印金凤穿牡丹图案复原

图3-14 印金凤穿牡丹图案

四、明清时期服饰图案

到了明清时期，服饰图案的风格又有了新的变化。受当时封建社会的影响，图案的题材更加注重吉祥的寓意，如龙凤呈祥、富贵牡丹等。同时，在造型上也更加注重繁复、精细的表现手法，展现出一种华丽的美感。此外，明清时期的服饰图案还受到了民间工艺的影响，如刺绣、织花等，这些都为服饰图案带来了新的工艺和技法。

　　明代流行的服饰图案有团花、云肩、如意云纹、飞鱼纹等。飞鱼纹是汉族传统中寓意吉祥的纹样之一。《山海经·海外西经》载："龙鱼陵居在其北，状如狸。"因为它会飞，所以得名飞鱼。飞鱼是神兽，与华夏族上古的雷神有一定渊源。在明代，飞鱼的形象逐渐演变为龙头、四足、四爪、身如蟒、无翼、鱼尾，与蟒区别的关键在于尾巴部分（图3-15）。

图3-15　明代飞鱼纹织金锦

　　清代服饰图案呈现出丰富多样的特点，图案题材广泛，既有具体的自然物象，如龙、凤、牡丹、蝴蝶、蝙蝠等，也有抽象的几何纹样。清代服饰图案不仅展现了精湛的工艺和独特的审美，更深受各种思想影响，蕴含了丰富的吉祥寓意。龙，作为皇权的象征，其威猛的形象在皇帝、皇后的服饰上得到完美呈现，彰显了皇家的尊贵与权威。而凤，作为与龙相配的雌性神鸟，其优雅的身姿则常见于皇后的服饰之中，寓意着皇后的端庄与贤淑。此外，牡丹因其花型丰满、色彩艳丽，被视为富贵的象征，在清代服饰中广受欢迎，无论是皇室贵胄还是百姓，都喜爱用牡丹图案来装点自己的服饰，寄托其对美好生活的向往和追求。这些图案的流行，不仅体现了当时社会的审美趋势，更蕴含了人们对吉祥、富贵的深切期盼（图3-16）。

　　中国传统服饰图案的历史发展是一个不断演变和丰富的过程。每个历史时期都有其独特的风格和特点，这些风格和特点不仅反映了当时社会的审美观念和文化氛围，也为我们今天的研究和欣赏提供了宝贵的资料。

图3-16　清代石青色蝴蝶牡丹纹刺绣氅衣

第三节　传统图案的变化与应用

传统图案在现代服饰设计中扮演着举足轻重的角色，它们既是文化的传承者，也是设计师们灵感的源泉。随着国潮的兴起，许多设计师开始尝试将传统图案巧妙地融入现代服饰中，以此展现出服饰的古朴韵味和文化底蕴。在中华服饰中，常常可以看到龙凤、莲花等经典图案被绣制在衣裳的边缘、领口或袖口处。图3-17所展示的服装，袖子和衣身上有龙纹图案装饰。这些图案不仅使服装散发出中国传统文化的迷人魅力，还赋予了穿着者一种历史的厚重感，仿佛穿越时空，与古人对话。

随着时代的变迁和审美水平的提高，设计师们开始对传统图案进行现代化的改造和再创作。或调整图案的色彩，使其更加符合现代的审美趋势；或改变图案的结构和比例，使其与现代服饰的剪裁和线条更加协调。这样的设计手法让传统图案在现代服饰中焕发出新的生机和活力，展现出一种独特的时尚感。竹子是东方文化的象征，利用现代刺绣有序的绣法、钉珠绣珠片错综的结构，以及闪耀的金属材质与象征坚毅品格的竹子打造出优雅、安静、美好的艺术效果（图3-18）。

无论是直接运用还是进行现代化改造，传统图案在现代服饰设计中的应用都充分展示了设计师们的巧妙构思和深厚文化底蕴。它们不仅丰富了现代服饰的设计语言，也为消费者提供了更多元化、更具文化内涵的服饰选择。这样的设计不仅让人们感受到服饰的美观与实用，更让人们领略到传统文化的魅力与传承。

图3-17　龙纹图案

图3-18　竹子图案

一、海昏侯墓出土文物纹样创新设计及应用案例一（设计师：李雯）

纹样创新设计的灵感源自西汉时期海昏侯墓中出土的珍贵文物——鎏金龙纹青铜钟笋套头和错金银兽纹青铜当卢。将文物的精美纹样进行提炼和简化，在设计中选择了祥云纹、龙纹等纹样进行组合创作，构图采用中国古人"天圆地方"的说法，并用对称、重复的手法进行组合表现。将海昏侯的文物纹样与现代生活进行融合，赋予纹样新的意义，并将其继续弘扬和发展。

1. 图案设计元素提取及组合应用

提取鎏金龙纹青铜钟笋套头上的纹样，取其龙身的蜿蜒曲线、兽身的起伏，结合祥云流畅的曲线和规则的几何图形作为辅助装饰，并对纹样进行重新排列组合（图3-19）。再结合敦煌壁画中的经典色彩搭配，设计二方连续纹样、四方连续纹样、适合纹样（图3-20、图3-21）。

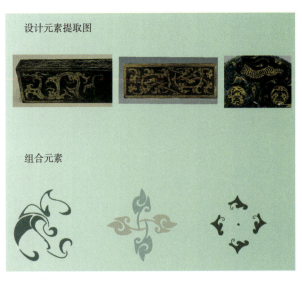

图3-19 设计元素提取、重组

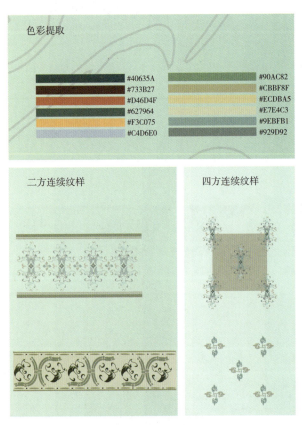

图3-20 二方连续纹样、四方连续纹样

图3-21 适合纹样

2. 图案应用设计展示

通过对传统纹样的提取与再创造，设计作品不仅保留了传统文化的精髓，还赋予了其新的生命力。这种创新设计方法将传统图案与现代材质、色彩巧妙融合，应用于丝巾、钥匙扣、抱枕、手机壳、卫衣、挂件、袖扣、床上用品、包装盒等多种产品中，既展现了古典美学的魅力，又不失时尚气息（图3-22）。特别是将这种设计理念融入新式汉服的设计中，不仅能够让穿着者感受到浓厚的文化底蕴，还能满足当代审美需求，使传统服饰在现代社会焕发出新的光彩（图3-23）。这种跨界融合不仅是一种艺术表达方式，更是一种文化传承与创新的体现。

应用设计展示

丝巾

钥匙扣

抱枕

手机壳　卫衣　挂件

袖扣　床上用品　包装盒

图3-22　图案应用设计案例1

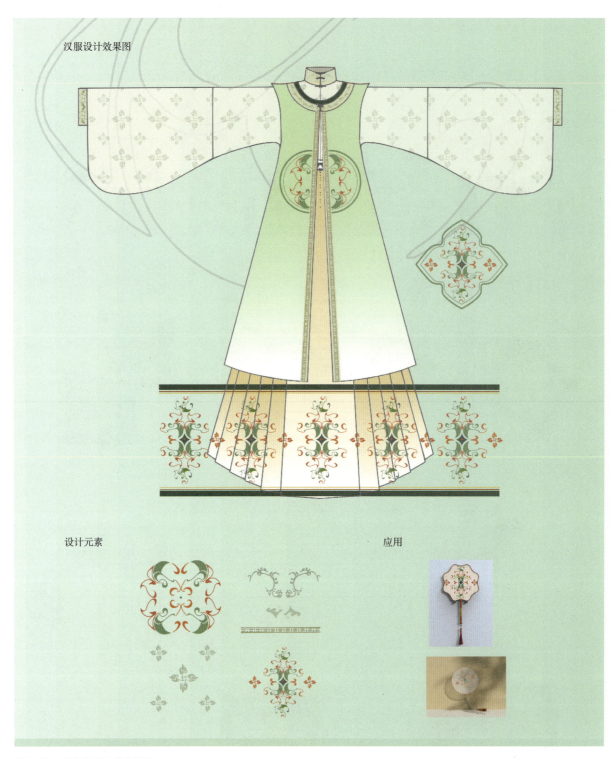

图3-23 图案应用设计案例2

二、海昏侯墓出土文物纹样创新设计及应用案例二（设计师：肖弋洋）

本系列设计作品名称为《梦回西汉》，将海昏侯墓中出土文物的纹样与现代艺术相结合，对传统图案元素进行提取、简化、二次设计，使它们焕发出新的生机与活力。在设计过程中，力求保持文物纹样的精神内涵，同时融入现代审美和设计理念。

1. 图案设计元素提取及组合应用

提取青铜错金神兽纹当卢、瓦当中的经典纹样，将祥云纹、虎纹、柿纹等采用几何造型进行现代化诠释，使它们既保留传统的韵味，又符合现代人的审美需求（图3-24）。图案配色借鉴传统服饰的配色方案，以中性灰色调为主，设计出两款适合纹样（图3-25）。

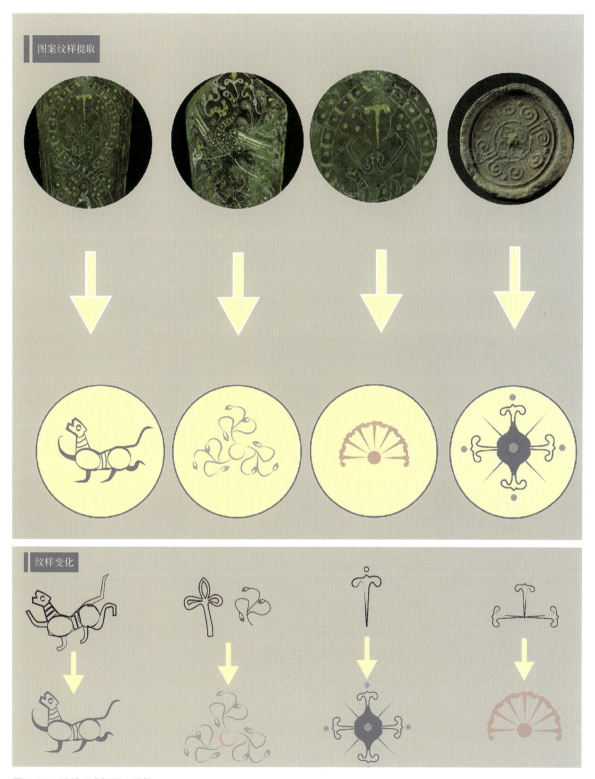

图3-24 设计元素提取、重组

图3-25　色彩搭配及适合纹样设计

2. 图案应用设计展示

祥云图案被简化为流畅的几何线条，虎纹则被抽象成富有节奏感的几何图形，而柿纹也被重新设计成简洁明快的几何形态。这些几何化的纹样不仅美观大方，还能够更好地融入现代产品的设计中，如挂件、胶带、眼罩、丝巾、胸针、鼠标垫、口罩、手机壳、卫衣、贴纸、领带、抱枕等（图3-26）。在服饰产品中，图案与现代汉服款式完美融合，不仅体现了传统文化的深厚底蕴，还展现了现代设计的独特魅力，使传统与现代在视觉上达到了完美的平衡（图3-27、图3-28）。

图3-26　图案应用设计案例3

纹样的应用

面料信息：
材质：高支苎麻
特点：透气凉爽　纯天然
　　　面料

短款飞机袖

一抹胸+百褶裙

图3-27　图案应用设计案例4

纹样的应用

面料信息：

材质：高支苎麻

特点：透气凉爽　纯天然面料

短款飞机袖

一抹胸＋百褶裙

图3-28　图案应用设计案例5

第四节　面料与刺绣工艺

一、传统服饰面料

中国传统服饰面料以棉、麻、丝为主，其中丝织面料更是以其舒适、华美闻名海内外，为传统服饰文化增色添彩。

丝，在传统服饰文化里专指蚕丝，据考证，蚕丝的纺织历史可追溯到五千多年前的新石器时代，从蚕丝的养殖、抽丝到纺织，在漫长岁月的摸索中逐渐形成成熟的丝绸文化。

蚕丝又分为桑蚕丝和野蚕丝（木薯蚕、柞蚕、樟蚕、柳蚕和天蚕等）。其中的野蚕丝，如比较常见的柞蚕，所产丝线与桑蚕丝相比较粗硬，然因其生长环境多变，它的抗紫外线性能及蛋白质、氨基酸含量要远远高于桑蚕。而桑蚕丝属于家养蚕丝，丝质细腻柔软，光泽感强，作为服装原料广受欢迎（图3-29）。

绢丝，桑蚕开始和最后吐出的丝，相比中段丝的平滑均匀，绢丝粗细不均，质地略粗糙并有一股特殊气味，称为蚕香。绢丝织物相比蚕丝光泽暗淡，手感更接近棉织物，透气、吸湿等方面的表现逊于蚕丝而优于棉麻，其质感朴实适宜日常穿着。

绸（读chóu）是油丝，可归于绢丝一类，相较普通绢丝，它是用缫丝后剩下的包裹蚕蛹那层衬里茧衣经过纺纱而成的短纤维，纤维长度短、手感粗硬，并有黑点和糙

图3-29　野生柞蚕茧

结。此方式纺成的织物没有蚕丝面料的光泽柔软，但化学成分与蚕丝相同，因此在透气性和保健作用上仍有不错的表现。

按原料工艺、外观及用途不同，丝织物可细分为绫、罗、绸、缎、锦、纱、绢、纺、绡、绉、绨、葛、呢、绒十四大类。这里着重介绍最具代表性的绫、罗、绸、缎、锦几个类别。

要了解何为绫罗绸缎，首先应了解丝织物的三种基本结构及结构影响下面料所呈现的不同性状。所有丝织物纺织手法的变化都离不开其中规律（表3-1）。

缎纹组织——浮线较长，间隔有规律，织造较为紧密，表面呈华丽光泽，手感光滑平整，质地柔软，织物正反差异明显，因其相交节点较少，故强度差，容易钩丝。

斜纹组织——一个组织结构中至少有三根经纱、三根纬纱相交，经纬之间的空隙较小，所以组织结构紧密，因其浮线较长，其牢度优于缎纹、弱于平纹，手感柔软厚实，光泽弱于缎纹呈亚光效果，表面呈明显的斜向纹路。

平纹组织——经纬线交错相交，规律排列。因其相交节点最多，故面料相对牢固耐磨，平整硬挺，光泽感较弱，组织密度相对较低，轻薄透气。

表3-1　缎纹、斜纹、平纹组织结构

工艺	缎纹组织	斜纹组织	平纹组织
织物组织图			
光泽度	华丽光泽感	光泽感不强	光泽感弱
手感	平滑、匀整、手感好	厚实、有质感	手感较硬
织物密度	较为密集	较高	较低

1. 绫

绫是在斜纹上起花的丝织物，因其表面有如同冰凌之纹理，故称为绫。单一斜纹或变化斜纹织物称为素绫，斜纹地上的单层暗花织物称为纹绫，常见的如广绫、花素绫、交织绫等，质地轻薄柔软。图3-30为斜纹显花面料细节。

绫的织造最早可追溯到殷商时期，起初称为"绮"，与现在我们所认识的绫不同的是，早期的绮是一种平纹上浮纹显花的单层织物，也就是通过浮线的方式使经线或纬线浮于织物表面，通过差异来显现花纹（图3-31）。

新疆阿斯塔那古墓群出土过黄地联珠龙纹绫，背后文字记载"景云二年双流县折调细绫一匹"为平纹地显花组织织物（图3-32）。

到魏晋时期，绮的叫法渐渐没落，直至唐宋时期被"绫"全面取代。绫的鼎盛也是在唐宋时期，我们今天所认识的斜纹上显花的绫就诞生于唐代。唐绫的兴盛，不仅促成了各种织造方式和丰富纹样的形成，更作为官服的主面料盛

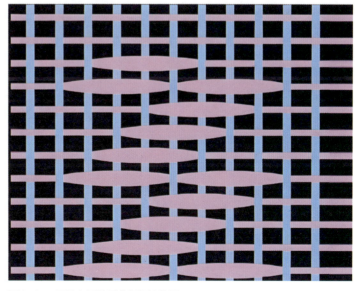

图3-30　斜纹显花面料细节

图3-31　平纹上浮纹显花组织结构图

行一时。至明清时期，缎的兴起逐渐取代了绫在服装中的应用。时至今日，绫作为服装面料已不常见，更多用作装裱画作。

2. 罗

罗为"绞经"结构织物，罗的纬线平行、经线变换扭转形成结构不一的罗孔。因其特殊的组织结构，罗有透光不透肤的特性，在丝织品中抗皱性能优越，其稳定性、牢固性、透气性都有优秀的表现，是近年国风服饰兴起浪潮中最受欢迎的传统面料之一。

罗的织造可追溯至商周时期，此时已出现二经素罗与四经素罗。马王堆汉墓出土的菱纹提花罗，是现存最完整的提花四经绞罗（图3-33）。

图3-32　新疆阿斯塔那古墓群出土黄地联珠龙纹绫　　图3-33　马王堆汉墓出土的菱纹提花罗

唐宋年间，罗织技艺一度达到鼎盛，其繁复的技艺、高昂的造价更是成为当时权贵阶层的象征。时至明清，同样因为其织造费时、费工，兼之时局与外来文化冲击，罗的大部分织造工艺一度湮灭于历史洪流中。

直至近年，在老一辈非遗传承人的不懈努力与国风文化备受重视的时代背景下，"罗"也再一次回归大众视野，二经绞罗和四经绞罗都是复杂的织物结构，它们体现了中国古代纺织技术的高度成就（图3-34）。

从类别归属而言，严格来说二经绞罗不归于罗，应归属在纱的品类中，可称其为绞经二经罗。其一条纬线上，两条经线为一个单位相绞，并且每个单位可以独立，这种组织结构与平纹纱可结合运用，相同经纬情况下，平纹纱空隙较小，两者结合可产生暗花效果，称为"暗花纱"，按起花部位不同，可分为"亮地纱"和"实地纱"，绞经为地、平纹起花就叫"亮地纱"，反之则为"实地纱"（图3-35）。

与之相比，四经绞罗就复杂得多。四经绞罗也称吴罗，是罗织物中最高技艺的代表，因其经线扭绞并

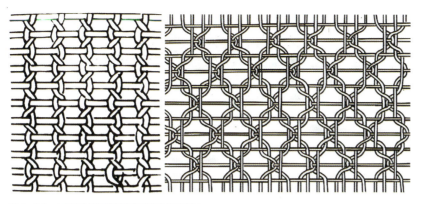

图3-34　二经绞罗和四经绞罗组织结构图　　　　　　　　　　　　　　　　图3-35　清代暗花纱实物——亮地纱

与纬线相交，排列形成较大且不规则的孔洞，因此也称为"大孔罗"或"链式罗"。这样的造型纹理与其他纺织技艺相配合织出的花罗，花地同色，花纹若隐若现，含蓄优雅、美观大方。因其技艺的繁复，即便如今，一些复杂的四经绞罗织造、文物复制等工作仍然需要用到传统的手工花楼机完成（图3-36）。即便是一位熟练的织工，一天最多能产出5～10cm，一匹罗往往要耗费6个月的时间，手工罗的珍贵可见一斑，也因此很难在市面上普及。四经绞罗是古老的织物结构，具有较高的织造难度，是中国传统丝绸织物中的一种，以其独特的纹理和精美的工艺著称。马王堆汉墓出土的四经绞杯纹罗便是这种织物的典型代表之一（图3-37）。

图3-36　手工花楼机——古代织造技艺最高成就代表

3. 绸

绸是一种较为紧密平整的织物，多为二浮一沉组织；按原料可分为真丝类、柞丝类、绢丝类等。它的质地紧密，手感爽滑，相对厚实、挺括。

"绸"最早出现于西汉，当时被称为"绌"，专指用粗丝、乱丝纺纱织成的平纹织品。南北朝时期开始出现粗、细之分。现今常把"绸缎"并称，作为丝织物的泛指。清代绛红地片金云蝠织金绸是一种非常珍贵的传统织物，它代表了中国古代织造技艺的高水平。这种织金绸的特点是在深红色（绛红）的底料上，使用金银线（片金）织出云纹和蝙蝠图案（图3-38）。

图3-37 周家明成功复制马王堆汉墓出土的四经绞杯纹罗

4. 缎

缎纹结构浮线长，经纬交织频率低，因此光泽度好，柔软华丽，但这种结构也使织物组织更加脆弱，较易钩丝。

缎纹结构出现的时间较晚，大约在宋代，盛行于明清时期，逐渐取代了绫在服装中的地位并延续至今，如我们所熟悉的真丝缎、桑波缎等都属于缎纹结构（图3-39）。

图3-38 清代绛红地片金云蝠织金绸

5. 锦

锦指有彩色纹样的丝织品，工艺繁复。从组织结构来看，锦是一种立体组织，数层组织相互嵌套，因此手感厚实，正反可显不同花色。按织造技艺、地域特色与图案风格分，锦的种类众多，最为知名的当数四大名锦，即南京"云锦"、四川"蜀锦"、苏州"宋锦"、广西"壮锦"。其中宋锦因其质地坚柔、色泽华丽、图案精致，被誉为中国"锦绣之冠"（图3-40）。

宋锦起源于隋唐，产于苏州一带，兴盛于宋而得名"宋锦"，传统宋锦从缫丝染色到织成产品前后要经过二十多道工序，因其组织结构、纺织工艺、织物性能及使用场景不同，可分为重锦、细锦、匣锦和小锦四类。

图3-39 桑波缎

图3-40 宋锦面料

重锦质地厚重，图案精致华美，色彩花色丰富多样，主要作为装裱或陈列之用。细锦则是一种更为常见的宋锦品种。它与重锦在结构上相似，丝线更细，因其生产相对容易，而且厚薄适宜，因此常被用于制作服饰。匣锦，其特征在于多采用自然风格的小花图案或密集的几何纹样，通常以横向条纹或对称排列的形式出现，风格较为粗犷，且色彩对比强烈，因其质地疏松，常上浆用于字画、屏风的装裱。至于小锦，它是宋锦家族中较为平价的一员，结构多为单经单纬。小锦以对称的小型花卉图案和几何纹路为主要特色，其轻薄的质地适合用于精巧的小型工艺品装饰，如扇盒、银器匣的边缘镶嵌等。

20世纪50年代末，宋锦的织造技艺曾一度近乎断绝，至2014年亚太经济合作组织会议期间，各国领导人穿着的新中式服装皆为宋锦所制。以此为契，宋锦技艺的传承与推广迎来了新的转机。

二、刺绣工艺

提到传统刺绣工艺就不得不提中国的"四大名绣"——苏绣、湘绣、蜀绣、粤绣，它们分别代表了中国刺绣艺术的最高成就，且各具特色。

1．苏绣

苏绣源于江苏省，是中国最古老的刺绣形式之一。它以细腻平滑、色彩鲜艳、设计精美著称，常用于制作屏风、被面等。苏绣的特点是针法细密，能够精准地表达画面的细节和层次，常用来刺绣人物、动物、风景等图案。图3-41为苏绣荷花作品，其精细无比、雅致纯洁的特质使其独树一帜。常有人用"黄金尚可估价，苏绣却是无价之宝"来赞誉其繁复的工艺。在苏绣的制作过程中，一根丝线可分解为至多128毛那样的微细程度，足见其精致。

图3-41　苏绣荷花作品

2. 湘绣

湘绣起源于湖南省，特点是色彩丰富、图案生动，擅长运用自然色彩表现自然景物和各种动物。图3-42、图3-43为湘绣花鸟作品正背面，湘绣的独特之处在于它的双面绣技艺，即正背两面可以展现不同的图案或者同一图案的不同色彩。

图3-42　湘绣花鸟作品正面

图3-43　湘绣花鸟作品背面

3. 蜀绣

蜀绣是四川的传统刺绣艺术，以其精湛的工艺和独特的风格闻名。蜀绣色彩柔和，图案以自然景物和动植物为主，特别是以表现熊猫等珍稀动物闻名。其风格细腻、柔和，适用于制作服装、屏风和日用装饰品等（图3-44）。

4. 粤绣

粤绣来源于广东，相传粤绣起源于黎族，且当地绣工多为男子，较为罕见，至明朝中后期逐渐形成其独有的风格。粤绣的风格主要为构图疏密有致，色彩华贵，注重光影变化，颇有西方现代绘画的韵味（图3-45）。

四大名绣不仅是中国传统手工艺的瑰宝，也代表了中国深厚的文化底蕴和艺术魅力。

5. 手推绣

随着工业的发展，人们的生活水平逐渐提高，服装流水线生产的模式逐渐在国内普及，手工刺绣的效率已无法满足日益增长的需求，手推绣应运而生。

手推绣是一种结合了传统手工刺绣技巧和现代刺绣机械操作的绣花方式。它主要依靠绣工用手推动、控制、操作缝纫装置来完成刺绣作品（图3-46）。手推绣在一些特定的绣品生产中仍然有其独特的地位和作用。

在机械化大规模生产出现之前，手推绣作为一种半机械化的刺绣方式，弥补了完全手工刺绣效率低下的问题，同时又能保持一定的手工艺术价值。它在一些需要大量生产绣品而又要求保持手工艺特色的时期

图3-44 蜀绣熊猫作品

图3-45 粤绣百鸟朝凤作品

得到了较为广泛的应用。

手推绣诞生之初使用的是老式缝纫机，需要左右移动绣框来限定针距并同时竖向移动、旋转，发展至今出现了专用的手推绣机器，可以直接设置左右移动的间距，只需要人为操作上下移动与旋转角度即可。

然而，手推绣毕竟是以机械缝纫来完成操作，其绣品的组织结构与手绣有着本质的区别。手绣是一根线穿透布料，再从底部回针，而手推绣与机绣的原理一样，是面线与底线配合形成链式线迹，因此底

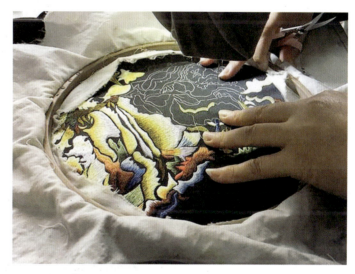

图3-46 手推绣

线不可避免，无法做到手绣的双面效果与特殊的刺绣针法（如打籽绣、锁链针等）。另外，机绣要求绣线能承受机器运转时产生的一定程度的拉力，因此无法像手绣那样使用极细的绣线，这样也就无法做到极致细腻的画面。

与机绣相比，手推绣的刺绣方式也有其优势。首先，在艺术性和独特性的对比中，手推绣因为有手工操作的成分，每一件作品都有可能因为绣工的技巧和风格而略有不同，这种独一无二的艺术性是纯机械化生产方式无法比拟的。其次，手推绣在操作上比全自动刺绣机更加灵活，可以根据灵感即时发挥、随时调整绣制的方向、颜色、线条粗细等。因此，对于小批量、定制化高的绣品而言，手推绣比机绣更具优势。

然而，与全自动刺绣机相比，手推绣的效率相对较低，更适合小批量生产和艺术性创作。操作手推绣也需要较高的技艺和经验，操作时需要全神贯注于针线走向，比较耗费心神。尽管手推绣有其局限性，但它作为一种艺术创作形式，在现代依然有着不可替代的价值，特别是在追求个性化和手工艺术感的作品中。

6. 机绣

目前的机绣虽无法代替手绣，但在服装规模化生产的背景下，机绣的推广无疑是大势所趋。得益于机绣的发展，刺绣技艺能够更广泛地应用于日常服装与生活场景中。

机绣可以在短时间内完成大量的刺绣工作，相比于手工刺绣，大大提高了生产效率。伴随着生产规模的扩大，机绣有效降低了单位产品的刺绣成本，特别是对于流水线生产的标准化产品，其不仅能够精确复制复杂的图案，确保设计的还原度，还可以确保每件产品的刺绣质量高度一致，这点对于品牌形象和产品质量控制非常重要。电脑绣花机是一种将现代计算机技术和传统绣花工艺相结合的机械设备（图3-47）。它可以实现自动化的绣花过程，极大地提高了绣花的速度和质量。电脑绣花机通过预设的程序来控制针法、颜色变化及绣花图案的位置，这样即使是复杂的图案也能被精确地复制出来（图3-48、图3-49）。

图3-47   电脑绣花机

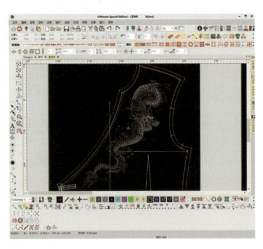

图3-48   电脑绣花制板软件

图3-49   电脑绣花裁片

实训项目

1.分析传统服饰图案构成形式、色彩搭配。

2.中国传统图案创新应用设计训练：收集中国传统神兽纹样、自然景观纹样等图片素材进行图案创新设计，并把图案应用到系列服饰产品设计中。

第四章
国风服饰设计

课程名称： 国风服饰设计。

课程内容： 国风服饰设计方法、男装款式设计、女装款式设计、国风服饰设计作品展示。

课题时间： 30课时。

教学目的： 通过款式设计练习，让学生熟练掌握国风服饰单品设计的基本技能。

教学方式： 通过理论讲解、款式细节分析及矢量绘图软件实例操作，讲述并分析国风服饰男、女装款式设计的要点。

教学要求： 1.了解国风服饰设计方法。

2.掌握四大基础品类（男衬衫、中山装、旗袍、改良汉服）款式设计的要点，使用矢量绘图软件完成国风服饰系列单品设计。

课前准备： 收集传统汉服、旗袍、中山装等图片素材。

第一节　国风服饰设计方法

国风服饰设计涵盖了多个方面，包括传统元素研究、色彩搭配技巧、材质选择艺术、款式融合创新、图案装饰手法、文化内涵体现、工艺制作技术和时尚元素结合等。设计师需要在设计过程中综合考虑这些因素，以创造出既具有传统韵味又具有现代时尚感的国风服饰作品。

一、研究传统元素

国风服饰设计的首要步骤是深入研究传统元素。这包括对传统服饰款式、色彩、图案、材质、工艺等的详细了解，并通过创新的手法将其与现代审美相结合，呈现出独特的东方韵味。传统元素是国风服饰设计的灵魂，只有深入理解其内涵和特点，才能在设计中合理运用，展现出独特的国风魅力。

二、色彩搭配技巧

色彩是服饰设计的重要组成部分，对于国风服饰而言，色彩搭配更是关键。传统国风色彩讲究和谐、自然，常用的有红色、白色、黑色、蓝色等。设计师需要巧妙运用这些色彩，通过对比、呼应、渐变等手法，营造出符合国风特色的色彩氛围。

三、材质选择艺术

材质对于服饰的质感和穿着体验有着至关重要的影响。国风服饰设计在材质选择上应注重自然、质朴，常用的材质有丝绸、麻布、棉麻混纺等。设计师需要根据设计主题和穿着场合，选择合适的材质，以展现服饰的质感和舒适度。

四、款式融合创新

款式是服饰设计的外在表现形式，国风服饰设计需要在继承传统款式的基础上进行创新。设计师可以通过对传统款式的解构、重组、融合等，创造出符合现代审美和穿着需求的国风服饰款式。同时，也要注重款式的实用性和功能性，确保设计出的服饰既美观又实用。

五、图案装饰手法

图案是国风服饰设计中的重要元素，它不仅能够丰富服饰的视觉效果，还能够传达出文化内涵和审美观念。设计师需要灵活运用各种图案装饰手法，如刺绣、印花、绘画等，将传统图案与现代设计元素相结合，创造出独特且具有辨识度的国风服饰图案。

六、文化内涵体现

国风服饰设计不仅要注重外在形式的美观，更要注重文化内涵的体现。设计师需要在设计中融入中国传统文化元素和审美观念，如诗词、书画、传统工艺等，以展现出服饰的文化底蕴和艺术价值。

同时，也要注重服饰与穿着者身份的契合度，确保设计出的服饰能够体现出穿着者的文化素养和审美品位。

七、工艺制作技术

工艺制作技术是国风服饰设计中的重要环节，它直接影响到服饰的质量和穿着效果。设计师需要熟练掌握各种传统工艺，如刺绣、挑花、织锦等，并将这些技术与现代制作技术相结合，以制作出高质量且符合设计要求的国风服饰。同时，也要关注工艺制作过程中的可持续性问题，确保设计出的服饰既美观又环保。

八、时尚元素结合

国风服饰设计不仅要继承传统元素和文化内涵，还要注重与现代时尚元素的结合。设计师需要关注时尚潮流和消费者需求变化，将国风元素与现代时尚元素相结合，创造出符合现代人审美需求的国风服饰。通过不断尝试，推动国风服饰设计在时尚领域的发展和创新。

第二节　男装款式设计

男装的款式分类很多，按照季节可分为春秋装（西装、外套、针织装、牛仔装等）、夏装（短袖衫、短裤、T恤衫等）、冬装（羽绒服、马甲、棉衣等）几大类；从穿着形式上大致可分为内衣、外衣等；按照品类划分，包括毛衣、大衣、马甲、皮衣、衬衫、T恤、夹克、卫衣、西装、风衣、棉服、羽绒服、冲锋衣等多种类别。国风男装款式多种多样，其中衬衫、卫衣及外套（包括夹克、大衣、中山装等）目前在市场上的产品数量占比较多。下面以衬衫及外套为例，分析国风男装款式设计。

一、衬衫款式设计

衬衫是穿在内外上衣之间，也可单独穿用的上衣。中国周代已有衬衫，称为"中衣"，后称"中单"。汉代称近身的衫为"厕褕"，宋代已用"衬衫"之名，现称为"中式衬衫"（图4-1）。衬衫原来是指用以衬在礼服内的短袖单衣，即去掉袖头的衫子。在宋代便是没有袖头的上衣，有衬在里边的短而小的衫，也有穿在外面的较长的衫。

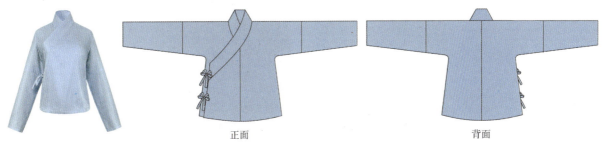

正面　　　　　　　　　　背面

图4-1　中衣（中式衬衫）款式图

1. 领型设计

典型的国风男衬衫领型有立领、交领及圆领，领子是服装中非常重要的组成部分，精致的领口不仅可以给服装增加亮点，也可以修饰着装者的脸型。立领衬衫的领型设计可以根据不同的需求和流行趋势做出多种变化（图4-2）。中式立领可以设计领角的变化，以及结合门襟及盘扣进行各种变化设计（图4-3）。交领领型源自传统汉服，交领流传最广，使用时间最长，是汉服的标志性领型。交领衬衫是一种经典的衬衫，交领在不同的文化和时代中都被广泛应用（图4-4）。交领设计可以结合领缘的宽窄进行变化，V型交领是从交领演变而来的一种变化领型（图4-5）。圆领又称盘领或团领，也是由交领演变而来的，圆领

图4-2 立领衬衫

立领门襟设计

立领领角设计

立领斜襟设计

立领盘扣设计

图4-3 中式立领变化设计

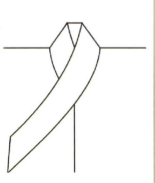

交领（右衽）

交领设计

交领变化设计1

交领变化设计2

图4-4 交领及其变化设计

衬衫的设计相对简洁，通常呈现出圆形的领口，给人一种更为柔和与舒适的视觉感受（图4-6）。

图4-5 V型交领

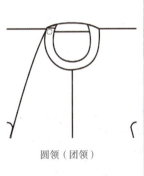

圆领（团领）

图4-6 圆领衬衫

衬衫领子的细节变化多种多样，国风特点可以通过立领或交领结合不对称设计，并通过不同图案、面料，以及一些服装辅料的拼接，打造出领型不对称的视觉效果，新颖而又时尚。

2. 袖型设计

典型的中式男装袖型设计为平面结构连身式，被称为"中式袖"，其优点是衣身、袖子连成一体，图案花纹连续，制作工艺简单，缺点是两手下垂时，衣袖交叠处褶皱较多，不够服帖。国风男衬衫袖型设计可以结合中式袖型、插肩袖及两片袖进行各种变化设计。中式袖型设计存在一定的局限性，可以在袖口、袖山、袖肘等部位进行省道、褶裥设计，通过不同的放松量产生不同的袖子外形轮廓；或是在袖子的不同部位进行切展变化，通过补充褶裥量来改变袖子的外轮廓造型（图4-7）。

3. 下摆设计

男衬衫下摆设计常见的有不对称下摆、开衩设计、抽绳设计、下摆装饰扣袢、毛边等，运用各种不同的表现手法进行细节塑造（图4-8）。

4. 口袋设计

由于服装越来越注重功能性，口袋的地位也越来越重要。口袋对服装整体来讲，首先是有其实用性，设计师们经常运用口袋的造型、款式来完善自己的设计，极大地增强了服装的表现力，使整体设计更完美，图4-9所示为男衬衫口袋设计。根据口袋的结构特点可分为贴袋、暗袋、插袋三种。设计口袋时，要注意袋口、袋身、袋底的细节处理。实用口袋是衬衫不可或缺的细节，可采用造型独特的贴袋设计，低调而时尚，还可以用刺绣、拉链、皮标等对口袋进行装饰设计。

　　除了领、袖、下摆及口袋设计外，国风男衬衫款式设计中还可以加入盘扣装饰及刺绣图案。盘扣是中式传统服饰的重要元素之一，可以用于衬衫的领口、袖口等部位，增加装饰效果，同时彰显中式风格的

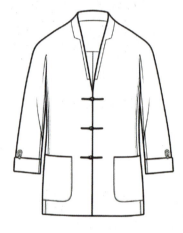

图4-7　连身袖设计

不对称下摆　　　　　　　　　开衩设计　　　　　　　　　抽绳设计

图4-8　下摆设计

图4-9　男衬衫口袋设计

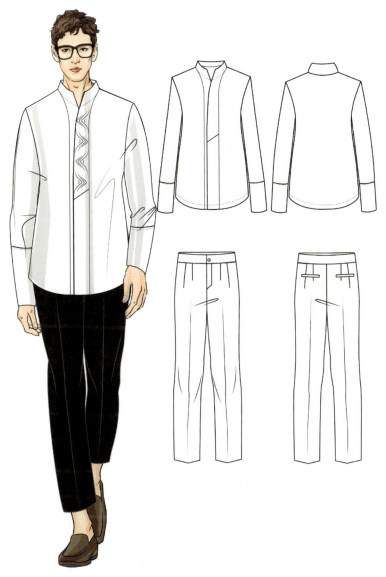

图4-10 国风刺绣立领衬衫效果图

图4-11 中山装

独特魅力。刺绣图案是中式传统服饰的又一重要元素，可以在衬衫上绣制具有中国传统文化元素的图案，如龙、凤、牡丹等，增加衬衫的文化内涵和艺术价值。国风男衬衫通常采用宽松板型，注重舒适度和自由度，符合现代男性对穿着舒适度的追求（图4-10）。

二、外套款式设计

国风男装外套涵盖的单品有中山装、唐装、国风西服、国风刺绣外套、棉麻衬衫式外套等。下面以中山装、国风西服为例，分析国风男装外罩款式设计要点。

1. 中山装款式设计

中山装作为具有中国特色的男装外罩，其设计风格简洁、实用、大方（图4-11）。在面料选择上，中山装常采用毛呢、棉麻等材质，这些材质不仅舒适透气，还能展现出中山装的庄重与质感。

中山装的设计样式在20世纪20年代初基本定型，其标志性特征包括：挺括的立翻领、四个带有笔架形袋盖的贴袋、袋盖上装饰有纽扣、前门襟装饰有七粒纽扣、袖口处有三粒纽扣，以及背部配备腰带和开衩。自20世纪20年代起，中山装在款式上虽有些许调整，但大体上保持了其原始风貌。其中，最为显著的改动是将前门襟的七粒纽扣减少至五粒，同时背部取消了腰带和开衩设计。此外，上衣口袋的样式也从带有褶裥的贴袋变为了更为简洁的平贴袋。20世纪30年代，中山装的整体款式基本稳定，其变化趋势表现为在保持整体风格的基础上进行局部调整，从复杂向简洁过渡，使结构更为清晰、线条更为流畅简洁（图4-12）。

中山装的设计经过历史的沉淀，其形制已经相对固定，因此不宜进行大幅度的设计变动。尽管中山装的立翻领设计具有其独特的魅力，但领口较紧，可能在一定程度上影响了穿着的舒适度。现代青年装在继承中山装经典款式的同时，也应注重对其进行细节上的调整和创新。在保留中山装基本形制的基础上，青年装对领型、口袋等元素进行了精细化的设计，旨在提升服装的实用性和时尚感。青年装的效果图及实际成衣展示，展现了传统与现代完美融合的时尚风采（图4-13）。

2. 国风西服款式设计

国风西服是将中国传统元素与现代西服相结

600-101/700
100% 羊毛

图4-12　中山装效果图

产品色号：63126/1-185

图4-13　现代青年装

JK8S1008
亚麻

合的产物，其设计既保留了西服的经典元素，又融入了中国的传统文化元素。在结构设计上，国风西服追求修身板型，旨在凸显男性身材的线条美，展现东方男性的独特魅力。在领口设计方面，立领或平驳领的

运用，不仅彰显了中式服饰的优雅韵味，还赋予了国风西服独特的个性。

在细节处理上，国风西服更是别出心裁。无论是瑞兽、花卉等中国传统图案的刺绣或印花装饰，还是口袋盖、袖口处巧妙融入的中国结、流苏等元素，都使整体设计更加丰富多彩，独具中国特色（图4-14）。此外，面料的选择也是国风西服的一大亮点。丝绸、麻等中国传统面料的运用，不仅舒适透气，更展现出中国传统的质感与韵味，使国风西服在外观上更具吸引力。

图4-14 融入刺绣图案的国风西服

国风西服的设计要点涵盖修身裁剪、立领、对襟、盘扣以及图案等元素。这些元素的运用，使国风西服在保持经典的同时又不失时尚感。同时，国风西服的面料选择极为丰富多样，色彩搭配也可根据个人喜好和场合需求进行灵活调整（图4-15）。

在国风男装外套的设计中，款式、元素、面料和色彩都是不可或缺的因素。通过巧妙地融合传统元素与现代审美，国风男装外套在保留东方韵味的同时展现出独特的时尚魅力。这样的设计理念，不仅使国风男装外套在国内市场上备受青睐，也赢得了国际时尚界的关注和认可。

面料编号：700120-04

图4-15 立领盘扣国风西服

第三节　女装款式设计

女装款式可以分为上装、下装和裙装。上装涵盖各种上衣款式，如T恤、衬衫、毛衣、针织衫、小背心/吊带、蕾丝衫/雪纺衫、外套、风衣、大衣、棉衣、羽绒服、皮衣、马甲、卫衣等。裙装包括各种款式的裙子，如连衣裙、短裙、中裙、长裙等。下装主要是各种类型的裤子，如打底裤、短裤、中裤、七分裤、长裤等，还包括连裤袜。国风女装款式多种多样，其中以连衣裙、旗袍及现代汉服市场占有率最大，下面以旗袍及现代汉服为例，分析国风女装款式设计。

一、旗袍款式设计

《辞海》中有关于旗袍的注解："旗袍，原为清朝满族妇女所穿用的一种服装，两边不开衩，袖长八寸至一尺，衣服的边缘绣有彩绿。辛亥革命以后为汉族妇女所接受，并改良为：直领，右斜襟开口，紧腰身，衣长至膝下，两边开衩，袖口收小。"如今，旗袍已成为中国及全球华人女性的标志性服装，被誉为中国的国粹和女性的国服。尽管旗袍的确切起源时间及其与先秦两汉时代深衣的关联仍存在争议，但它无疑是中国丰富服饰文化中最璀璨多姿的现象之一。

旗袍的款式设计独具匠心，融合了传统与现代的审美观念。其设计特点主要体现在廓型、门襟、下摆开衩、领型及图案等方面。

1. 廓型设计

从初期的宽松A型到简约的H型，再到如今流行的贴身X型，旗袍的廓型设计经历了多次变革。这种变革不仅展现了女性身体的曲线美，还为现代旗袍的创新提供了坚实的基础（图4-16）。

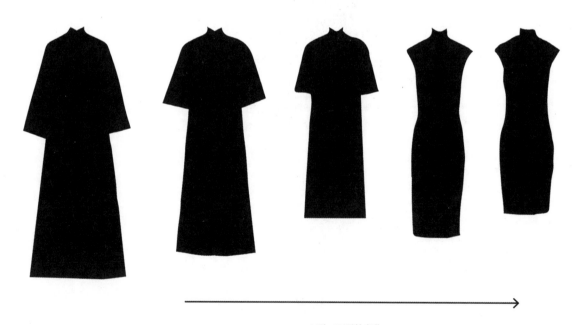

A型—X型的变化

图4-16　旗袍廓型演变

2. 门襟设计

旗袍的门襟设计独具匠心，融合了传统与时尚的元素。其中，传统的右衽门襟是旗袍的经典设计之一。在形成初期，旗袍主要沿用了旗人袍服的右衽门襟样式，这种设计不仅体现了旗袍的传统韵味，还展现了女性的端庄与优雅。除了传统的右衽门襟，旗袍还发展出了多种创新的门襟造型，如斜襟、琵琶襟、如意襟等。这些造型不仅丰富了旗袍的艺术风格，还使得每一件旗袍都独具特色。设计师们可以在这些传统门襟样式的基础上进行各种创意的变化，打造出既符合现代审美又充满个性的旗袍作品。图4-17展示了多种门襟设计的旗袍，图4-18为旗袍门襟的各种变化设计，这些旗袍不仅在设计上独具匠心，更在细节处理上精益求精。设计师们可以从中汲取灵感，探索更多的门襟设计的可能性，为旗袍这一经典服饰注入新的活力与魅力。

3. 下摆开衩设计

旗袍的下摆开衩设计是展示女性腿部线条的关键。开衩的高度可以根据个人喜好和场合需求进行调整，从而展现出不同的风格魅力。下摆开衩的长短可以变化，而且可以添加诸多的装饰。

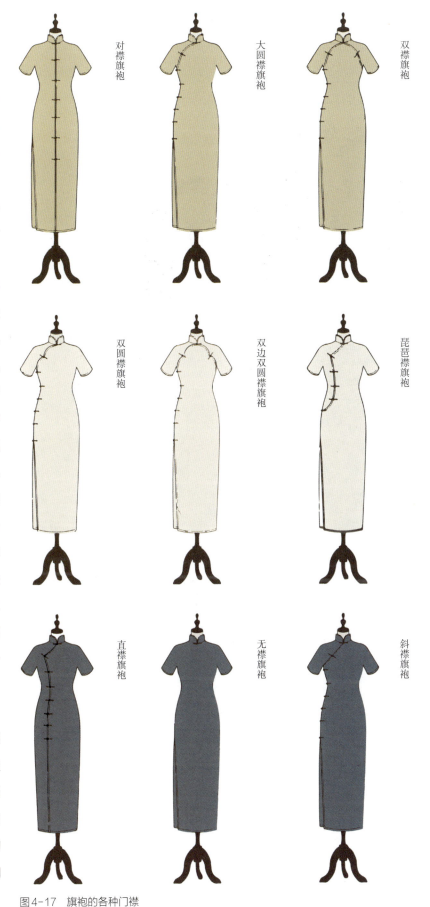

对襟旗袍　大圆襟旗袍　双襟旗袍　双圆襟旗袍　双边双圆襟旗袍　琵琶襟旗袍　直襟旗袍　无襟旗袍　斜襟旗袍

图4-17　旗袍的各种门襟

4．领型设计

旗袍的领型设计核心在于立领，这种领型以其独特的形态和优雅的气质成为旗袍的经典元素。在立领的基础上，设计师们通过巧妙的高低调整和领口形状的变化，创造出无数经典且独特的旗袍款式。图4-19展示了旗袍的多种经典领型，每一种都体现了传统与创新的完美结合。

图4-18　旗袍门襟变化设计　　　　　　　　　　　　　图4-19　旗袍经典领型

除了传统的立领，旗袍的设计还可以融入更多的领型元素。例如，驳领的设计能够为旗袍增添一丝严谨与正式的气息；垂领则展现出一种柔美的流动感，使旗袍更加贴合女性的曲线美；翻领和荡领通过巧妙的翻折和摇曳，为旗袍注入更多的动感和活力；立翻领则结合了立领和翻领的特点，既有立领的端庄，又有翻领的活泼；至于无领设计，则更强调旗袍整体的流畅与简洁，展现出一种现代而简约的美感。设计师们可以在这些经典领型的基础上进行更多的创新和探索，为旗袍这一传统服饰注入新的生命力和魅力。

5．图案设计

旗袍的图案设计，深受中国传统文化的影响，其灵感来源广泛，如精致的刺绣、细腻的印花等。这些图案不仅增强了旗袍的视觉吸引力，更是对中华民族传统文化精髓的传承和弘扬。传统上，旗袍的图案设计多以吉祥图案为主，如寓意长寿的松树、象征富贵的牡丹等，这些图案都寄托了人们对美好生活的向往和期待，图4-20即为旗袍与玉兰花图案的结合设计。随着时代的进步和审美的变化，创新的旗袍图案设计也应运而生。横竖相间的格子设计，简约而不失气质；清新的波点图案，展现了年轻女孩的活泼与俏皮；大胆夸张的大图案，则凸显了贵妇的雍容华贵气质。现代科技的进步也为旗袍图案设计带来了革命性的变革。数码印花、电脑绣花等技术的出现，使设计师可以根据客户需求定制独特的布料，并在指定位置印制或绣出清晰、美观的图案。这种技术不仅提高了图案的精度和美观度，还为设计师提供了更大的创作空间，使得旗袍的图案设计更加丰富多彩。图4-21展示的是水墨数码印花图案，图4-22展示的是电脑绣花钉珠图案，两者均与旗袍款式相得益彰。

旗袍的设计是一个综合性的工艺过程，需要设计师对款式、颜色、面料和配饰进行全面考量。只有在这样的综合设计下，才能打造出既符合时代审美又充满个性的旗袍作品（图4-23～图4-26）。

图4-20　旗袍与玉兰花图案的结合设计（设计者：蔡柳梅）

图4-21　水墨数码印花图案　　　　　　图4-22　电脑绣花钉珠图案（图片来源：M essential品牌）

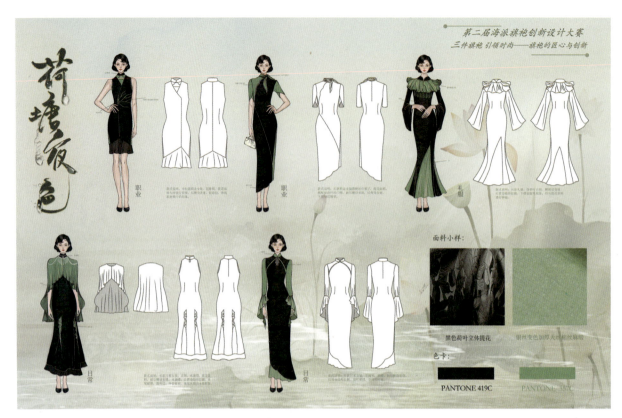

图4-23 《荷塘夜色》系列旗袍设计（设计者：刘冰茹）

本系列灵感来源于国画中的线描山水画卷，一根根线条组成自然中壮阔的山川河流，令人叹为观止。线描的图案纹样融合新中式旗袍造型优雅精致，致敬了中国传统艺术家，同时展现了人类对大自然的尊敬与向往。简单的黑白配色对视觉赋予亲和力，也更接近于传统国画书法，把服装展现得更加生动。

图4-24 《线绘山川》系列旗袍设计（设计者：刘洋钺）

图4-25 《竹影绰绰》系列旗袍设计（设计者：陈欧洋）

图4-26 《斑竹》系列旗袍设计（设计者：余文慧）

二、现代汉服款式设计

汉服，也被称为华服，全称"汉民族传统服饰"，是中国深厚文化和礼仪之邦的象征，承载着中华民族千年的传统文化底蕴。汉服以其飘逸优雅和庄重礼节而著称，完美地契合了古代宁静洒脱的生活方式。但宽大衣袖、落地长裙的传统形制很难适应现代的快节奏生活，这也是制约汉服传播的因素之一。现代汉服的出现无疑是汉服的新生，使汉服的生活应用性得到提高，传统元素与现代元素的结合，使汉服真正"活起来"，让文化更好地传承。近年来，随着中国国际地位的显著提升，国内民众对本国文化的兴趣和认同感也迅速升温。随着大众对传统文化的深入了解和高度重视，汉服单品正逐步成为时尚界的新宠。众多时装设计师巧妙地将其融入现代设计理念中，为汉服注入了新的活力和意义。现代汉服的款式和样式也经历了创新与升级，如马面裙、曲裾袍、长褙子、圆领袍、齐胸襦裙等，都演化出了众多适应不同场合和时尚趋势的新型汉服单品。下面以马面裙和齐胸襦裙为例，介绍现代汉服的款式设计。

1. 马面裙款式设计

随着国风服饰的持续盛行，改良马面裙因其实用设计与传统韵味的完美融合，成功吸引了众多目光。现代马面裙设计巧妙地结合了国风与时尚元素，在泛国潮消费趋势的推动下迅速崭露头角。其在保留基本裙门和褶形的基础上，融入了现代裁剪技术，更加适应现代人的日常穿着需求。

在时尚廓型的发展潮流中，改良马面裙展现出了两种显著的趋势：通勤新中式与甜美少淑华服。通勤新中式风格的代表包括改良新中式、通勤马面裙以及扣袢调节马面裙等。这些款式不仅保留了马面裙的经典特征，还融入了现代西装的元素，呈现出一种新颖而独特的东方美学魅力。通勤马面裙的设计以马面裙为基础，采用西装裙的形式进行改良，主打棕、灰色系，并在腰部设计上进行了创新，如皮质腰带、双层腰带装饰，可调节的蝴蝶结绑带以及精美的金属扣饰，为整体造型增添了不少亮点（图4-27）。

图4-27 通勤马面裙

甜美少淑华服方向的改良马面裙则主要体现在八分马面裙、短款马面裙以及锦绣华服马面裙等设计上。这些款式将华服的优雅与少女的甜美气质相结合，深受消费者的喜爱。相较于传统的长款马面裙，八分马面裙的长度更适应现代生活中的日常穿着和活动需求，尤其受到身材娇小或追求便捷穿搭的消费者的青睐

（图4-28）。这些创新设计不仅展示了传统文化的魅力，也满足了现代消费者对时尚与实用性的双重追求。

图4-28　八分马面裙

　　锦绣华服马面裙是传统服饰的杰出代表，马面裙的经典形制得以延续，并在现代审美中焕发新生，其适用于节庆聚会、旅行等场合，成为展现华夏汉服魅力的优选之作。在图案装饰上，以仿妆花、织金、织银和精致的刺绣工艺为主，将传统工艺与现代设计巧妙结合，呈现出既古典又时尚的美感。裙襕设计独具匠心，采用窄膝襕与宽底襕相结合的方式，形成鲜明的对比与和谐的统一。同时，图案中融入了丰富的吉祥寓意和文化符号，如龙凤呈祥、富贵牡丹等，不仅增添了服饰的艺术价值，更传承着深厚的文化内涵。锦绣华服马面裙的每一处细节都彰显着华夏汉服的独特魅力，是现代时尚与传统文化的完美结合（图4-29）。

图4-29　锦绣华服马面裙

2. 齐胸襦裙款式设计

　　齐胸襦裙作为汉民族传统服饰的一种，承载着深厚的历史文化。襦裙最早可追溯到战国时期，于魏晋南北朝时期逐渐兴盛。它是典型的"上衣下裳"设计，自汉晋时期的裙腰及腰发展到隋唐时期的裙腰及胸，完成了从齐腰襦裙到齐胸襦裙的演变。汉晋以来，裙腰多束于腰上；至唐代，裙式以高腰或束胸为主，款式紧贴臀部，裙摆宽敞拖地，为下摆呈圆弧形的多褶斜裙。这种齐胸襦裙在唐朝女性中极受欢迎，这一点从许多古画和出土文物中都可以得到证实。常说的"拜倒在石榴裙下"，指的就是齐胸襦裙（图4-30）。

图4-30　复原唐代一片式齐胸襦裙设计图稿及成衣照片

　　现代汉服改良设计去其上衣、保留下裳，改为吊带齐胸裙。这种裙子在胸前设计各种纹样绣花和图案，简化了胸前系带的设计，更加适合日常穿着，为传统服饰注入了新的活力。现代改良设计的齐胸襦裙，图案的设计成为胸前的重点装饰（图4-31）。

　　现代汉服设计在保持尊重传统汉服文化的同时，巧妙地融入了现代审美和时尚元素。设计师们深入研究传统汉服，从中汲取灵感，提取出如直领、对襟、右衽、束带等经典元素，并将它们以创新的方式融入现代服饰设计中。这种古今融合的设计手法，不仅让现代汉服焕发出独特的文化魅力，更满足了现代人对时尚与品位的追求。这种设计不仅是对传统文化的传承，也是对现代审美趋势的积极回应。

图4-31　现代改良设计的齐胸襦裙

第四节　国风服饰设计作品展示

一、男装设计作品

国风男装融合了中国传统文化的精髓与现代时尚元素，通过精心挑选的图案、色彩、剪裁和面料，展现出一种既古典又现代的独特魅力。设计师们在保留传统服饰基本元素的同时，大胆融入现代设计理念，使得这些作品不仅具有深厚的文化底蕴，还兼具时尚感和实用性。无论是正式场合还是休闲时刻，国风男装都能让人感受到浓厚的历史气息与当代风尚的完美结合。以下是一些具有代表性的国风男装设计作品，每一件都充分展现了设计师对传统文化的理解与创新（图4-32~图4-37）。

面料编号：700120-15

图4-32　男装设计作品1

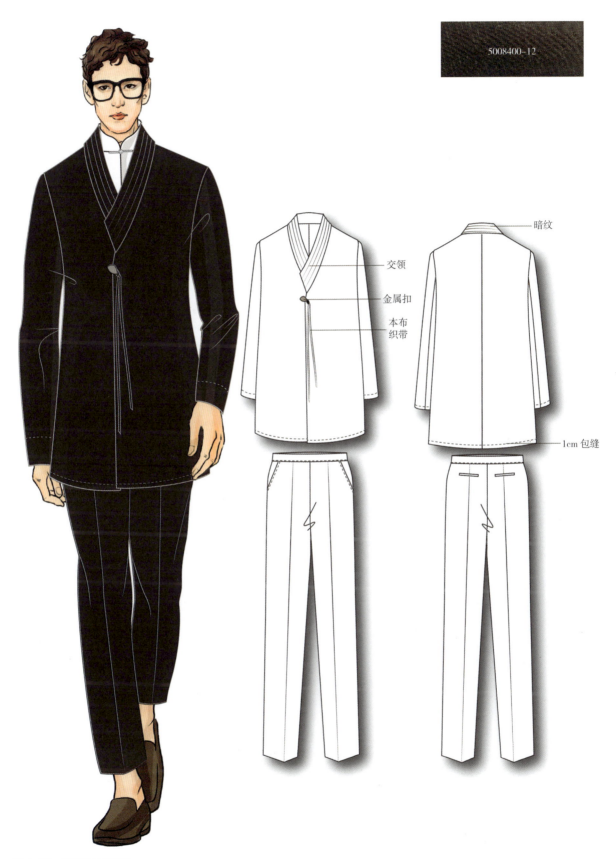

5008400-12

暗纹

交领

金属扣

本布
织带

1cm 包缝

图4-33 男装设计作品2

绲边条

盘扣

包缝

图4-34 男装设计作品3

面料编号：700120-15

图4-35　男装设计作品4

图4-36 男装设计作品5（设计者：罗秋岚）

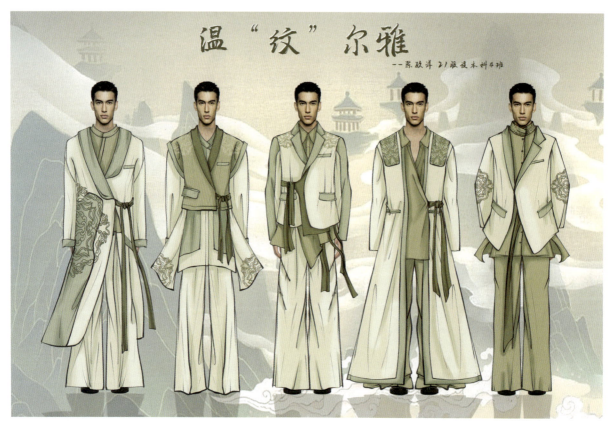

图4-37 男装设计作品6（设计者：陈欧洋）

面料编号：
700800-12

二、女装设计作品

国风女装以其独特的美学和文化内涵，成为时尚界的一股清流。以下是一些具有代表性的国风女装设计作品，这些设计作品不仅展现了设计师对传统文化的深刻理解和热爱，还体现了他们紧跟时代潮流的创新能力（图4-38～图4-44）。

图4-38 女装设计作品1

E77001

图4-39 女装设计作品2

700800-12

图4-40 女装设计作品3

图4-41　女装设计作品4（设计者：刘冰茹）

图4-42　女装设计作品5（设计者：包梓亨）

图4-43　女装设计作品6（设计者：吴凯琳）

图4-44　女装设计作品7（设计者：叶真希）

实训项目

1.国风服饰男装单品设计训练，完成10款衬衫设计、10款外套设计。

2.国风服饰女装单品设计训练，完成10款旗袍设计、10款现代汉服设计。

第五章
国风服饰设计与应用案例

课程名称： 国风服饰设计与应用案例。

课程内容： 企业定制单品设计案例、国风服饰品牌开发案例、教学案例。

课题时间： 24课时。

教学目的： 通过案例分析，让学生熟练掌握国风服饰设计的实际操作。

教学方式： 通过理论讲解、企业案例及教学案例分析，讲述并分析国风服饰产品设计的要点，并引导学生针对某一主题进行国风服饰系列产品设计。

教学要求： 1.了解国风服饰定制设计的要点。

2.掌握国风服饰系列产品设计的要点，完成以春夏季为主题的系列产品设计。

课前准备： 1.完成以春夏季为主题的灵感板制作。

2.收集与主题相关的色彩、款式、面料流行趋势资料。

第一节　企业定制单品设计案例

一、定制设计

私人定制服装是指为穿着者量体定做、单件生产的服装。与批量生产服装设计的区别在于，定制设计需要综合考虑穿着者的喜好、体型、气质、穿着场合等因素，为穿着者提供更贴合需求的专属设计。

1. 个性化

定制服装设计不仅需要考虑客户提供的图片或想法，还需要在审美认同的基础上进一步沟通，了解客户的喜好与需求，并根据客户体型特征给予款式的引导与选择。一间成熟的定制工作室首先需要明确自己的风格与定位，从展厅装饰到服装陈列，并有一套成熟的基础板型库。

2. 板型

板型是定制设计的灵魂，板型设计也是定制设计的重要组成部分，定制板型不仅要兼顾服装的美感与舒适度，还需要根据客户体型特征进行再设计。"一人一板"，并不是单纯按身体数据放量，贴合曲线，因为多数人身材或多或少有不完美之处，较少有达到人台的标准体型，而定制板型设计的重点之一就在于修饰身形，凸显优点、弱化缺陷，使体型更接近于审美标准。因此，好的板型通常会具有一定包容性。

3. 面料

定制服装在面料的选择上往往会有更高的要求，除了面料材质、质感与品质稳定性的考量外，肤色、款式搭配和应用场景都是选择的依据，而图案设计也是面料设计中的一环，根据客户需求设计图案，以面料定制、刺绣或特殊工艺的方式呈现。

4. 细节与工艺

细节决定成败，定制服装尤其在男装定制中，板型之外体现服装品质的往往是细节的处理与工艺。从扣子的材质搭配到缝迹线的处理，甚至线距的大小、衬料的选择都是一名合格的定制设计师需要掌握的。

二、企业定制男装风格

上海汉晨服饰是一家偏休闲商务风格的新中式定制设计中心（图5-1）。品牌初心是使国人在正式场合能有代表自己民族的服装可供选择，致力于将民族服饰文化与现代生活相融合，做出更舒适、更有型的新中式服装。

图5-1　上海汉晨服饰设计中心展厅陈列

　　该设计中心定位的主体服务人群为热爱传统文化、有商务场景需求的各界人士。品牌以传统中式服装结合西式裁剪、工艺为设计思路。为适应不同场合，可将其服装风格进一步细分为商务、商务休闲、礼服三个板块。

1. 中式商务风格

　　中式商务风格款式较多融合合体西装与青年装的板型特征，简洁干练，符合较严肃的商务场合着装需求。除领、门襟各处的中式元素外，板型融合了中式服装自由无束缚的观念，在正装西服审美的基础上进行了活动量的调整，视觉呈现更为饱满、包容，活动更为自由、舒适。面料多选用低调易于塑型的精纺面料，以素色为主，色彩常用低饱和度、低明度的蓝色与灰色系（图5-2、图5-3）。

JKTA30766　　　　　　　　　　　　　　　　　　JK9S0012
100%W　　　　　　　　　　　　　　　　　　100%W

图5-2　中式商务风格男装1　　　　　　　　图5-3　中式商务风格男装2

　　中式商务风格男装的领型以立领、V领、翻领为主，其中，立领领角的变化尤为丰富，图5-4、图5-5展示了中式商务风格男装的细节设计。根据领型、门襟、衣长的变化，可以进行款式拓展设计（图5-6）。

　　中式商务风格男装的经典款式之一为中山装，曾经是一种重要场合穿着的正式服装，也可作为礼服（图5-7）。虽然现在中山装在民间的普及度不如以前，但在一些正式场合和特殊场合，人们仍然会选择穿着中山装来展示自己的文化素养和庄重形象。

2. 中式商务休闲风格

　　相较中式商务风格，中式商务休闲风格的应用场景更倾向于非正式商务场合与日常穿着，既轻松舒适，又大方得体。品牌对于这类服装的诠释在结构上更倾向于宽松板型为主，较多采用了传统服装中的连袖、对襟、翻袖口等标志性结构，并在此基础上对传统结构进行了一系列优化尝试，在保留传统服装神韵

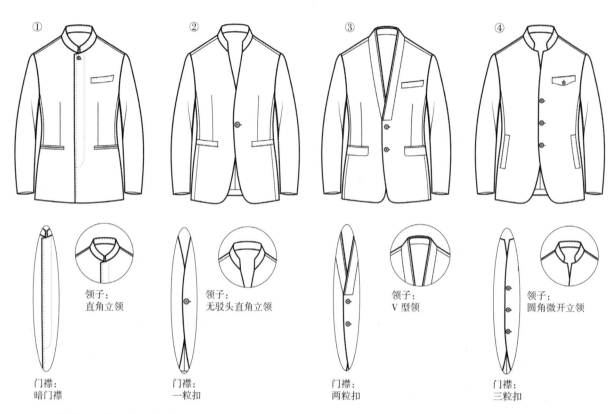

图5-4　中式商务风格男装设计细节展示图1

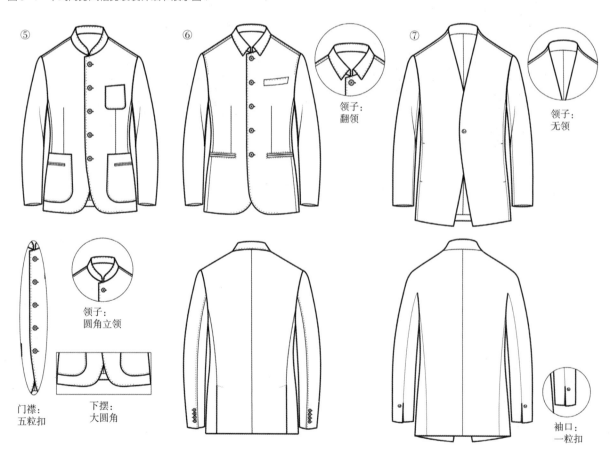

图5-5　中式商务风格男装设计细节展示图2

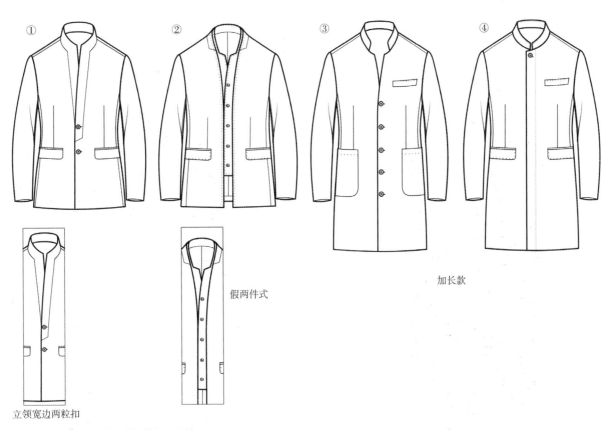

① ② ③ ④

加长款

假两件式

立领宽边两粒扣

图5-6　中式商务风格男装细节拓展设计

① ②

图5-7　中山装款式细节图

的同时去掉一部分多余量，使之呈现的效果松弛又不致松垮。面料会更多考虑舒适性，除毛料外，也常选用棉、麻、真丝等，色彩应用相对宽泛（图5-8、图5-9）。

中式商务休闲男装的设计重点在领型、袖子、门襟、口袋、下摆等部位，除立领外，还可以结合传统汉服直领、交领以及连身袖进行款式设计（图5-10~图5-13）。

图5-8　中式商务休闲男装1（面料：毛料）

图5-9　中式商务休闲男装2（面料：毛料）

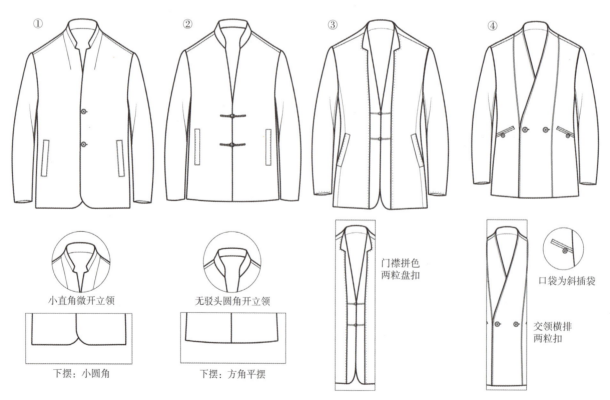

图5-10　中式商务休闲男装设计细节展示图1

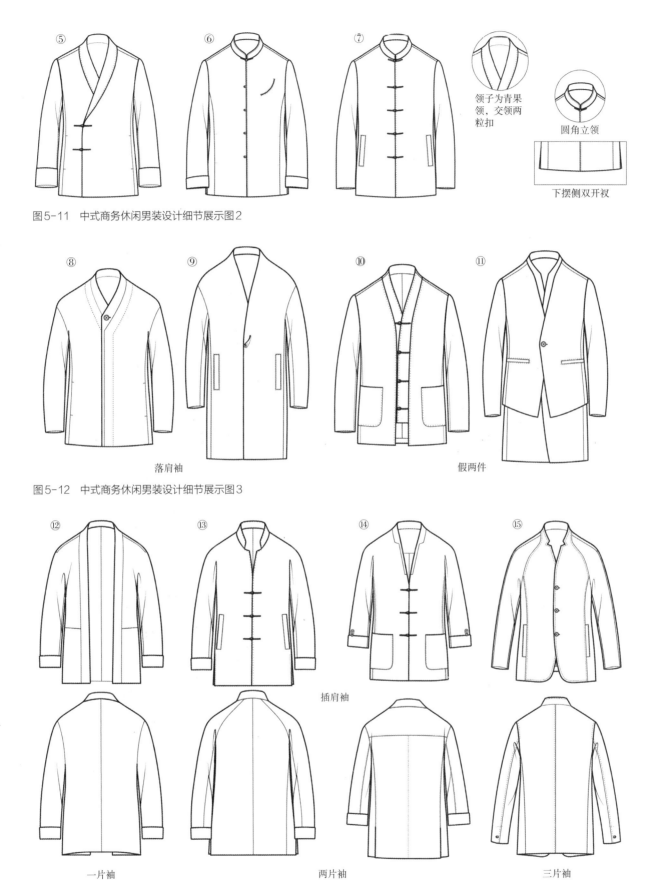

图5-11　中式商务休闲男装设计细节展示图2

图5-12　中式商务休闲男装设计细节展示图3

图5-13　中式商务休闲男装袖型变化设计

3. 礼服风格

礼服为出席礼仪场合时穿着的服装，如婚庆、晚会、文化交流等。相对商务与商务休闲风格，礼服风格的基础板型设计放量上更加凸显身形，曲线修长挺拔，款式变化丰富，个性鲜明，融合时尚与传统装饰工艺，展现了传统与当代的文化交融。在面料上会选择更多光泽感或装饰性较强的面料，色彩饱和度相对较高（图5-14～图5-17）。

图5-14　龙纹长款礼服　　　　　　　　　　　　　图5-15　对襟假两件式礼服

图5-16　提花面料礼服　　　　　　　　　　　　　图5-17　立领对襟礼服

中式定制礼服的设计还会考虑到穿着者的身份、穿着的场合等因素，以展现出不同的气质和风格。

三、企业单品定制案例（男装）

定制服装不同于成衣之处在于风格的适配、对品质与细节的追求，想要有良好的定制效果务必要求实体试穿体验。无论多么丰富的经验判断或言语描述，也比不上实际上身观察更为直观与准确，并且经验主义容易造成判断失误、选款样式单一等问题。多尝试搭配不同类型服装，有助于设计师了解定制客户的风格喜好，也可促进着装者自我风格的形成与拓展。通过实际试穿体验，能更清晰地明确客户需求，有助于沟通理解，避免错误解读。

1. 案例一

款式特点：连立领，深V视觉强调肩、胸宽度，凸显腰身。面料要求样衣同款独家定制书法提花面料（图5-18、图5-19）。

单位：cm

客户订单号		接口单号	HC2403142	产品名称	经典新国风上衣
客户姓名		款式号	HCDF1008	下单类型	成衣下单
下单时间	2024/3/12	商标	订商标	合同发货日期	2024/3/22
面料编码	180925/232	是否客户结算面料	否	花型	提花
颜色	浅灰色	属性	提花	成分	50% 竹纤维 50% 聚酯纤维
身高	174				
体重	70kg				
领台高	3.8				
领围	42				
后衣长	72				
胸围	109.5				
中腰围	98				
臀围	112				
肩宽	45.5				
左袖长	58				
右袖长	58				
袖肥	40				
左腕围	26.5				
右腕围	26.5				
前腰节	42				
后腰节	39.5				
肚	正常				
手臂	正常				
臀	正常				
右肩	C- 中度溜肩				
左肩	C- 中度溜肩				
胸背	正常				
后腰	正常				
肩型	正常				
裤前裆	正常				

图5-18　定制款式工艺单1

图5-19　成衣照片

2. 案例二

款式特点：O型体，适合较宽松的款式。对襟设计，中长款，可视觉分割宽度，修饰体型显得修长（图5-20）。

单位：cm

客户订单号		接口单号		产品名称	新国风上衣
客户姓名		商标	订商标	下单类型	成衣下单
下单时间	2024/3/20	款式号	JKSA4087	合同发货日期	2024/4/1
面料编码	160932/232	是否客户结算面料	否	花型	净色
颜色	酒红色	属性	净色	成分	100% 绵羊毛
身高	167	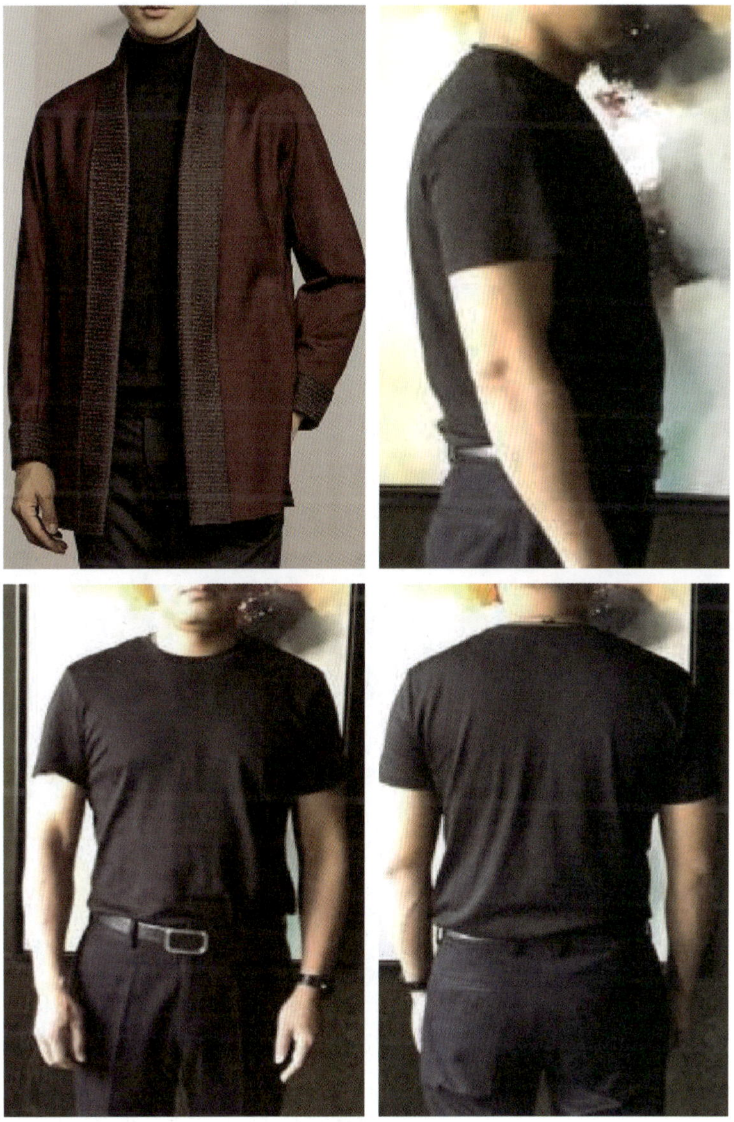			
体重	70kg				
领围	41.5				
后衣长	71				
胸围	116				
中腰围	112				
臀围	118				
肩宽	46				
左袖长	58.5				
右袖长	58.5				
袖肥	42				
左腕围	29				
右腕围	29				
前腰节	41.5				
后腰节	38.5				
肚	正常				
手臂	严重手臂靠后				
臀	平臀				
右肩	C- 中度溜肩				
左肩	B- 轻微溜肩				
胸背	重度挺胸				
后腰	正常				
肩型	正常				
裤前裆	正常				

图5-20 定制款式工艺单2

3. 案例三

客户需求：文化类非正式会议，要求显得松弛得体但不过于休闲。

款式特点：立领对襟设计，板型介于合体与宽松之间，加大放量，减小胸腰差（图5-21）。

单位：cm

客户								
		身高	168	体重	70kg	年龄		
		是否试身		试身日期		成衣日期	2024/1/23	
	订商标	面料编号		面料成分	34% 桑蚕丝 66% 绵羊毛	洗唛商标要求		
领台高	3.8							
领围	44							
后衣长	73							
胸围	122							
中腰围	118							
臀围	124							
肩宽	45.5							
左袖长	60							
右袖长	60							
袖肥	46.5							
左腕围	29							
右腕围	29							
前腰节	39							
后腰节	41							
肚	正常							
手臂	正常							
臀	平臀							
右肩	A- 正常							
左肩	A- 正常							
胸背	正常							
后腰	正常							
肩型	正常							
裤前裆	正常							

图5-21　定制款式工艺单3

第二节　国风服饰品牌开发案例

一、品牌介绍

江苏水乡情丝绸服饰有限公司位于中国东南部的石港，这里被誉为"鱼米之乡"，风景如画，文化底蕴深厚。公司创始人深受中华文化的熏陶，对中华服饰文化有着深厚的热爱和执着。2019年，"缭绫念"品牌创立，旨在让更多人在不同场合穿着充满中华文化韵味的服饰，展现中华精神，传承并弘扬这份厚重的文化底蕴。

"缭绫念"品牌名称取自白居易《新乐府》中的《缭绫》："缭绫缭绫何所似？不似罗绡与纨绮；应似天台山上月明前，四十五尺瀑布泉。"这句诗比喻缭绫的华美如同天台山上的明月前流下的四十五尺瀑布清泉，象征着丝绸的柔美与华丽，表达出中华服饰的精致与典雅。"念"字则体现了创始人对中华文化的深深眷恋与怀念。

"缭绫念"决定在设计上寻求突破，与中国十佳设计师万明亮先生合作，推出了"缭绫念设计师系列"。这一系列服装结合了传统与现代的设计理念，不仅保留了中华服饰文化的精髓，还融入了现代审美与创新元素，力求为顾客提供更加多样化、高品质的选择。通过这种合作模式，"缭绫念"不仅提升了品牌形象，还进一步拓展了市场，赢得了更多客户的喜爱与支持。

二、品牌企划

设计师系列以非遗香云纱面料的开发为主，其他品类蚕丝材质面料为辅，将中国丝绸文化的不同维度在设计中一一呈现（图5-22）。

图5-22　"缭绫念"品牌海报

应对不同人群与应用场景，设计师系列规划了三个主题分类（图5-23）。

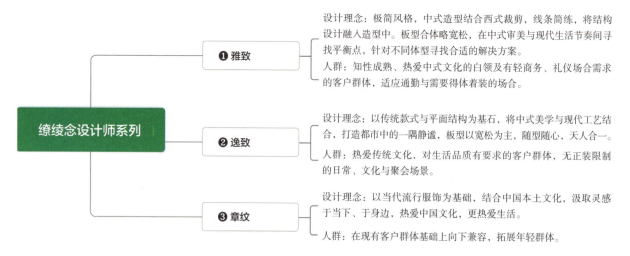

缭绫念设计师系列

❶ 雅致
设计理念：极简风格，中式造型结合西式裁剪，线条简练，将结构设计融入造型中。板型合体略宽松，在中式审美与现代生活节奏间寻找平衡点，针对不同体型寻找合适的解决方案。
人群：知性成熟、热爱中式文化的白领及有轻商务、礼仪场合需求的客户群体，适应通勤与需要得体着装的场合。

❷ 逸致
设计理念：以传统款式与平面结构为基石，将中式美学与现代工艺结合，打造都市中的一隅静谧，板型以宽松为主，随型随心，天人合一。
人群：热爱传统文化，对生活品质有要求的客户群体，无正装限制的日常、文化与聚会场景。

❸ 章纹
设计理念：以当代流行服饰为基础，结合中国本土文化，汲取灵感于当下、于身边，热爱中国文化，更热爱生活。
人群：在现有客户群体基础上向下兼容，拓展年轻群体。

图5-23 "缭绫念"品牌系列设计理念及消费者定位

"雅致"是设计师系列的核心，以经典的中式商务休闲风格为主，用涵盖中西制服工艺的现代化制板理念重新塑造中式廓型，在舒适随型与立体塑型之间寻找平衡点，将结构分割融于造型设计中，呈现简约大气、优雅矜贵的造型风格（图5-24）。凭借多年的服装定制经验，设计师专门针对不同的身材特点设计出相应的款式，以达到突出优点、掩饰不足的效果，虽非量身定制，但能达到类似的效果，让每位客户都能在此找到更加美丽、自信的一面。面料优选香云纱中的珍品，重缎、绞罗、莨纱等传统工艺珍贵面料，

经典商务休闲系列：
整体风格优雅简约，结合中式造型与西式裁剪工艺打造舒适利落、端庄却不刻板，更适应现代生活节奏的新中式商务休闲系列服饰。

面料品类：
着重于传统香云纱面料的开发、设计。

图5-24 "雅致"系列风格定位

与经实地考察、有信誉保证的香云纱生产源头合作，以确保材质的货真价实。考虑到面料成本与板型定位，产品品类集中在春秋两季，以外套为主（图5-25～图5-27）。

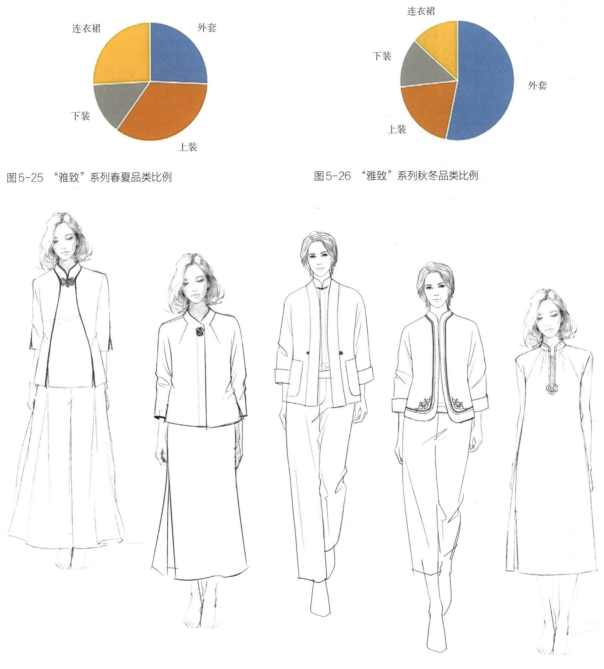

图5-25　"雅致"系列春夏品类比例　　　　　　图5-26　"雅致"系列秋冬品类比例

图5-27　"雅致"系列产品设计

　　"逸致"系列侧重于展现传统服饰宽大随性的设计风格，追求飘逸洒脱的美感（图5-28）。该系列大量运用了中式传统的平面结构，巧妙融入了现代审美趋势，定位于日常、闲暇小聚的场景。在面料的选择上，除了沿用香云纱外，还引入了绫罗、宋锦等材质来增加服装的层次感和亮度。品类配比侧重夏季小衫与秋季外套，冬季以开发新品类的香云纱蚕丝棉服、羽绒服为主（图5-29～图5-31）。

中式休闲系列：
款式设计着重于对传统中式文化的现代化诠释，保留传统服饰宽松舒适、二次成型的结构特征，结合传统服饰元素与现代造型手法、制服工艺，打造古风新韵，适应现代生活与休闲聚会场景的服饰风格。

面料品类：
各类香云纱面料为主，辅以宋锦、绫罗、绢纺等天然蚕丝材质面料

图5-28 "逸致"系列风格定位

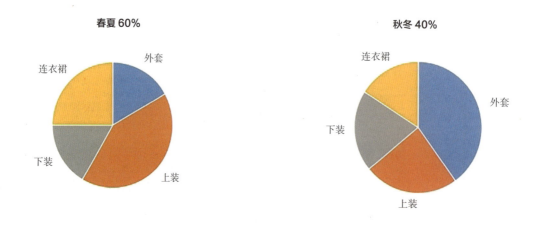

图5-29 "逸致"系列春夏品类比例　　　　　图5-30 "逸致"系列秋冬品类比例

　　"章纹"系列则作为现有客户群体扩展的突破口。香云纱面料色泽暗雅、质地坚韧，如沉淀光阴的馈赠，因此了解并喜爱它的人群也多是沉稳内敛、有一定阅历的成熟群体（图5-32）。国潮系列将延续品牌一贯的优雅简约，并在此基础上与更多年轻设计师合作，在现代流行服饰的基础上加入中国特有的符号，做今日中国年轻人心中的"国风"，面料选取范围则扩大至所有蚕丝类面料及天然蚕丝混纺面料（图5-33～图5-35）。

　　线下同步筹划展厅与生活馆，新款展示并科普香云纱面料知识及养护与传统礼仪文化，进一步将"新中式"的概念与态度融入日常生活的方方面面（图5-36）。

图5-31 "逸致"系列产品设计

国潮系列：

不刻意区分古今、东西，着眼于当下，以当今人们的着装习惯为基础。聚焦今日中国之见闻、时事热点，以根植于这片土地上的人文、艺术为养分，做当代中国的潮流服饰。

面料品类：

各类蚕丝面料与天然织物混纺，如丝麻等，除传统提花、织锦的织造技艺外，融合面料工艺以实现更丰富的层次表现与主题效果。

图5-32 "章纹"系列风格定位

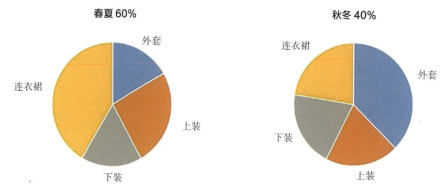

图5-33　"章纹"系列春夏品类比例　　　　图5-34　"章纹"系列秋冬品类比例

图5-35　"章纹"系列产品设计

图5-36　系列产品展厅

三、单品开发案例

1. 款式说明

"逸致"系列夏季中式上衣，其设计理念是把传统香云纱的自然质感与传统服饰平面结构相结合，打造一款适合夏季穿着的上衣。设计特点为圆领、斜襟、包边以及盘扣结合镶滚工艺，细节处加入中国传统刺绣元素，增添文化韵味（图5-37）。

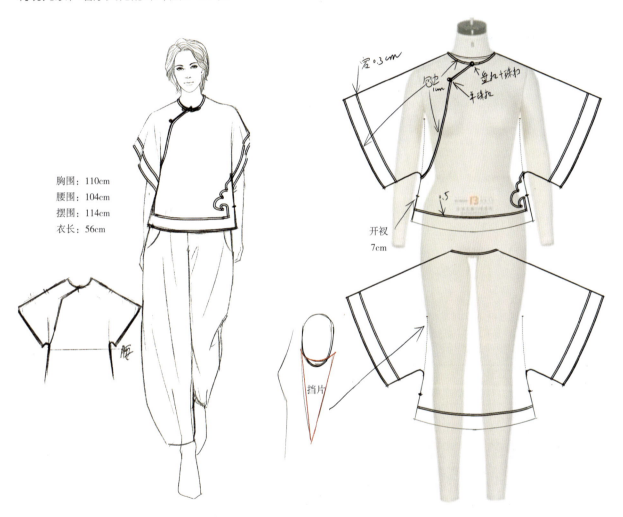

胸围：110cm
腰围：104cm
摆围：114cm
衣长：56cm

图5-37　设计图稿及工艺、板型分析

2. 工艺单

服装生产开发工艺单包括设计开发工艺单和生产工艺单。设计开发工艺单用于与制板师沟通商议制板及工艺细节，需有完整的款式图及工艺说明，并提供大致的参考尺寸，将面料小样正面贴在工艺单上并标注主要配件，以便制板师判断面料性能，将样衣制作过程中工艺遇到的问题及难点记录在工艺单上，便于修正避免问题的出现（图5-38）。

生产工艺单是样衣审核修改后正式生产前制作的工艺单，除了详细的生产工艺流程外，需要计算所有面辅料用量以及排料信息（图5-39~图5-41）。

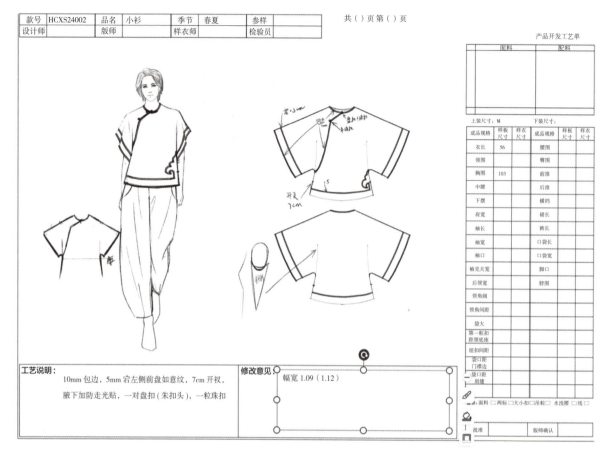

款号	HCXS24002	品名	小衫	季节	春夏	参样		共（ ）页第（ ）页
设计师		版师		样衣师		检验员		

产品开发工艺单

面料	配料

上装尺寸：M　　　　　下装尺寸：

成品规格	样板尺寸	样衣尺寸	成品规格	样板尺寸	样衣尺寸
衣长	56		腰围		
领围			臀围		
胸围	103		前浪		
中腰			后浪		
下摆			横裆		
肩宽			裙长		
袖长			裤长		
袖宽			口袋长		
袖口			口袋宽		
袖克夫宽			脚口		
后领宽			脖围		
领角阔					
领嘴间距					
袋大					
第一粒扣距领底座					
纽扣间距					
袋口距门襟边					
袋口距肩缝					

工艺说明：	修改意见：
10mm 包边，5mm 宕左侧前盘如意纹，7cm 开衩，腋下加防走光贴，一对盘扣（朱扣头），一粒珠扣	幅宽 1.09（1.12）

□面料　□两标　□大小扣　□吊粒　□水洗腰　□线

批准　　　　　　　版师确认

图5-38　设计开发工艺单

工艺单（A 卷）

客户名称	缭绫念新中式成衣工作室	生产部门					面料：13	裁片数：
产品名称	莨纱如意云头上衣	计划生产总数量	25（含样）+6（吊带）	样衣标准	XL	样板块数	里料：内胆：	19
款号	HCXS24002	样卡编号					净样：1	
样板编号		绣花编号						

工艺图稿

详情见样衣

业务负责人		制板师		采购		裁剪		生产	
出库		制表员		制表日期	24/4/22	审核			

图5-39　生产工艺单1

工艺单（B 卷）

客户名称	缭绫念新中式成衣工作室						单件面料配备（打样）			
产品名称	莨纱如意云头上衣		款号	HCXS24002			样卡编号			
成衣规格尺寸单位（cm）							样板编号			
规格		M	L	XL		档差（dx）	绣花编号			
衣长		57.6		60		2.4	面料	门幅	用料数	备注
胸围		103		111		8	面料			双方向
连肩袖长							镶色			
臀围							衬料	30D（黑）		
腰围							里料			
吊带件数			6			6				
蓝色件数		6	6			12				
咖色件数		6		6+1(样)		13	辅料配备			
							品名	规格	数量	总（含损耗）
							尺码标	3.5cm	1	10
							包装袋			

面料小样		面料分档排料数（套排不含损耗）					包边条			
		规格	门幅	用料数	层数	备注	朱扣	猫眼	2	26
整卷 16.2m		2(M+XL)+ 吊带 L	1.10（1.13）	4.35	3层	蓝色料率 80.9%		蓝色	2	24
		2(M+XL)+ 吊带 L	1.10（1.17）	4.35	3层	咖色料率 80.9%	拉链			
		包条和盘扣		2.5		蓝色（面料瑕疵损耗大）				
		包条和盘扣		2.5		咖色				
面料成分：100%丝										
相料成分：										
里料成分：										

图5-40　生产工艺单2

工艺单（C 卷）

客户名称	缭绫念新中式成衣工作室			烫衬部位			
产品名称	莨纱如意云头上衣	款号	HCXS24002				
产前要求		商标、水洗标要求		牵条部位			
1. 对生产任务单要求认真复核		夹在腰头后中		领口、门襟、下摆			
2. 如有绣花按要求操作		面料：桑蚕丝 100%		黏合机黏合要求			
				名称	温度	压力	时间
针号、针距要求		用线说明		30D	140		
3cm12~13针　9号针		线号：402（大王）；					

工艺要求		裁剪要求
领口门襟	领口烫 0.5cm 黑色斜牵条，门襟烫 0.5cm 黑色直牵条，0.8cm 包边，领口一粒盘扣（黑玛瑙），门襟朱扣（黑玛瑙）	开裁前应对所有面料、辅料的缩率测试进行验收，如有问题及时与技术部联系，商讨解决办法。裁剪应按排料图或技术部核定用料进行开裁。摊料上下松紧
衣身	侧缝来去缝，腋下转折处缝位减小，内侧挡片先包缝，腋下折边 0.6cm 压线	一致认真编号，注意色差。需要对条对格和倒顺面料应严格按要求操作
下摆	下摆烫 0.5cm 黑色牵条，袖口、下摆 1cm 包边，按板上定位做 0.4cm 宕条，做如意纹，弯折处圆顺，转角工整	
		后道工序
		眼位不偏斜，扣与眼位相对应
		烫衬要求
		整烫要平服，不起皱，无极光，整洁美观。一批产品的整烫折叠规格应保持一致
		包装要求
		成衣熨烫平挺，折叠平衣身保持清洁，无线头，商标标记清晰端正。每一批产品的包装要统一

图5-41　生产工艺单3

3. 成衣展示（图5-42）

图5-42 成衣照片

第三节 教学案例

一、国风服饰系列产品开发实训模式

"国风服饰设计与应用"课程强调培养学生以实践创新能力为主体的核心能力，重视学生的产品设计、实践与市场运作接轨，实现学生的设计创作从作品到商品的转化。拟定2:3:5的实训模式，20%的时间用于理论教学，30%的时间用于讨论会及案例分析，50%的时间用于实际动手设计以及成衣制作学习。

1. "眼界"训练及市场调研

内容：关注国风服饰流行趋势，考察市场，关注人们的"衣生活"；了解时事要闻、社会热点；收集最新专业流行趋势资料；寻找喜欢的国风服饰品牌或喜欢的款式，收集该品牌资料。

目的：培养时尚感悟力、服装审美能力；初步了解当地市场和国际、国内大环境状况。

目标：捕捉流行、感悟时尚、考察市场。

2. 单品设计练习

内容：按服装品类划分，进行单品设计训练。

目的：了解国风服饰设计操作过程和设计规律。

目标：完成从设计构思至样衣制作的整个过程（本阶段着重设计过程训练）。

3. 系列服装设计实训

内容：选择一个主题，完成一系列产品设计。

目的：在了解设计过程的基础上，训练系列产品设计能力。

目标：独立完成主体设计全过程，能从头到尾地独立进行设计思考、收集素材、选材、设计、制作全过程。

要求：以设计小组为单位集体完成（每小组4~6人），每位小组成员在同一主题下完成各自系列的产品设计（不少于20款）；对完成的系列产品设计按照企业模式进行评价、评估，作为交流学习、教学互动的一种教学手段。

二、学生作品案例

1. 2024年秋冬季系列产品设计案例（设计师：叶真希）

本系列产品设计的主题是"花形弄影"，以中国传统纸翻花艺术作为灵感及出发点，以中式服装为载体，分析翻花艺术的显著特点后，以翻花艺术中"变化"为重点而展开服装设计（图5-43、图5-44）。

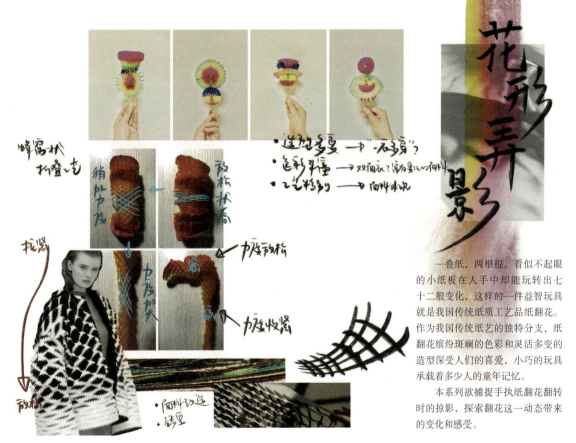

一叠纸，两根棍，看似不起眼的小纸板在人手中却能玩转出七十二般变化，这样的一件益智玩具就是我国传统纸质工艺品纸翻花。作为我国传统纸艺的独特分支，纸翻花缤纷斑斓的色彩和灵活多变的造型深受人们的喜爱，小巧的玩具承载着多少人的童年记忆。

本系列欲捕捉手执纸翻花翻转时的掠影，探索翻花这一动态带来的变化和感受。

图5-43　灵感来源

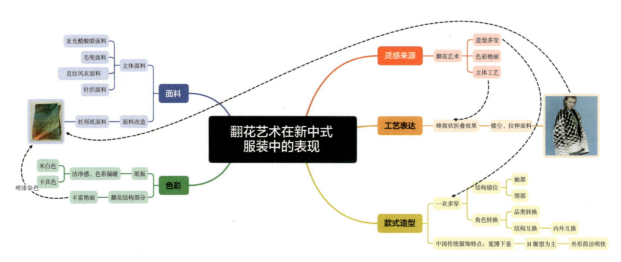

图5-44　设计思路

（1）设计定位。

①消费者定位：25～38岁，低调内敛、优雅知性、热爱中国传统文化、追求自然含蓄的生活方式的新时代都市女性。

②风格定位：设计风格舒适、简约自然、刚柔相济，强调面料材质与廓型的融合。色彩上沉稳雅致、低调内敛，富有东方韵味。

（2）设计要素分析：色彩以暖色调中性色为主基调，米白色、卡其色为主色，提取传统纸翻花中的洋红、洋黄进行变化延伸，点缀灰黄、深橙等色彩（图5-45）。中国传统服饰以宽博、下垂为主要特征，所以服装廓型以H型为主。提取中式服装局部进行细节设计，如直领、斜襟、立领等，结合成衣市场需求，在款式设计上考虑服装的可变性，尝试一件衣服有两种或以上的穿着方法（图5-46）。以亚光醋酸面料及毛呢面料为主，搭配风衣面料表现服装的垂坠及品质感（图5-47）。对于翻花结构效果的展现，在面料上选择了将面料裁剪成布条，按照规律编排色彩渐变效果，间隔交错缝合布料组成类蜂窝状折纸结构（图5-48、图5-49）。

（3）系列产品设计方案：中国传统美学认为，"美"在意象，即"情"与"景"、"心"与"物"、"神"与"形"的关系。影没有实形，它是多变且难以捉摸的，更多地被人们用来寄托自己的主观情思。"花形弄影"寓意为捕捉手执纸翻花翻转时的掠影，探索翻花这一动态带来的变化与感受。以翻花艺术的变形特点及中国传统思想核心"天人合一"为基础，结合成衣市场需求，在本系列服装设计中融入"一衣多穿"的理念，并进行各种设计尝试（图5-50）。最初设计稿中对于中式元素的表现不够突出，"一衣多穿"的结构表达不够准确，经过多次修改尝试，确定最终的设计方案（图5-51）。

（4）服装板型、工艺实验及坯样制作：本系列服装板型及工艺的难点在于"一衣多穿"的实现，基于构建转换法、角色互换法等方法进行设计，使服装具有两种或两种以上的穿着方式，满足服装功能性方面的需求。"一衣多穿"最大的特性就是"变化"，因此需要在思考实践如何建立起衣片之间的联系上花费大量的时间和精力，并进行各种"一衣多穿"板型实验（图5-52、图5-53）。经过多次的板型及面料工艺调整，最终完成坯样的效果（图5-54）。

色彩上以暖色调中性色为基本色彩基调，以米白色、卡其色为主色。提取传统翻花中的洋红色、洋黄色进行变化延伸，点缀色为黄色、灰黄色、橙色、深橙色，在不脱离服装整体暖色倾向的同时起到沉淀服装色彩的作用。

图5-45 色彩流行趋势分析

廓型提取

中国传统服饰有宽博、下垂的特点，故本系列主要廓型取H型。

新中式服装的细部设计中，直襟设计、斜襟设计和中式立领设计作为中式元素的代表，内敛优雅，备受瞩目。

图5-46 廓型分析及提取

面料再造

中式服装注重意境的营造，因此在面料的选择与搭配上更注重垂坠感与品质感。

图5-47　面料分析

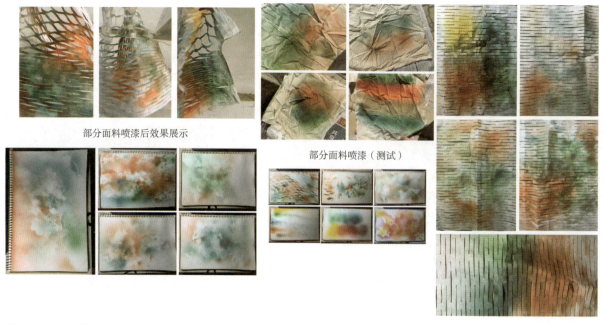

部分面料喷漆后效果展示

部分面料喷漆（测试）

图5-48　面料再造喷漆实验

图5-49 面料再造最终效果

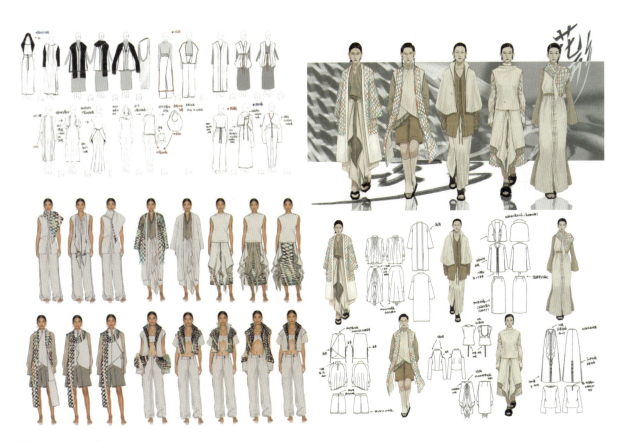

图5-50 设计草图

图5-51 最终设计方案

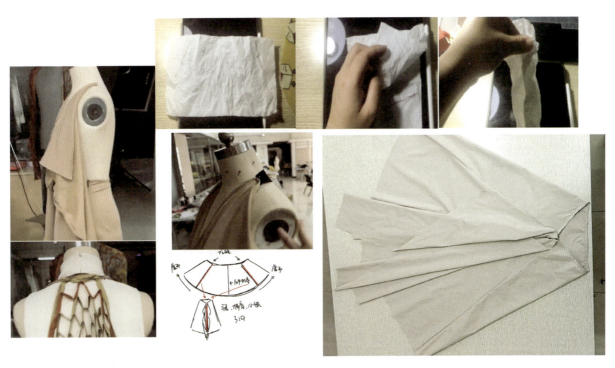

图5-52　板型实验1

图5-53　板型实验2

图5-54　坯样效果

（5）成衣及陈列展示：制作成衣可以在坯样的基础上进行细节调整，还需要考虑成衣面料厚薄、是否有弹性、面料表面的丝滑度以及面料预缩程度等，根据以上条件进行板型的调整及工艺调整，完成系列成衣（图5-55）。成衣完成之后，还需要对商品进行主题陈列展示，考虑系列作品的整体氛围。卖场店面设计色彩以中性的棕色调为主，体现中式风格，并能展现出系列服装特色（图5-56）。

2. 2024年秋冬系列产品开发案例（设计师：尹苗苗）

本系列产品设计的主题是"杳裊"，杳裊的含义是飘渺，本系列将这种飘渺的状态看作人云游四方的一种状态。本系列灵感来源于电影《刺客聂隐娘》中的"侠"，侠不是一个人，而是一种生活状态，也是一种文化现象。对于古代的人来说，侠就是四处游历，用自己的能力去行侠仗义，帮助别人的人。在现代的社会中，侠似乎消失了，但又似乎每个人都成了侠。现代社会的人们，大多是背井离乡，从一个城市到另外的一个城市，用自己的能力去宣扬他自己的"侠义"。本系列运用艺术解构的手法去诠释杳裊的侠的精神气质（图5-57）。

（1）设计要素分析。

廓型上选择宽松自由的A型和H型，通过解构的手法进行叠加抽褶，增加服装的重量感，给予视觉上的压迫感。将解构主义科学适宜地应用到服装设计领域里，继而构成了自身特有的设计风格，最终让设计出来的服装作品不仅蕴含着西方的高雅细致，也蕴含着东方的神秘深邃（图5-58）。

本系列产品的色彩采用了明度较暗的色系，表现了侠文化中不张扬的特点，其中以黑色为主要的色

图5-55 成衣最终效果

图5-56 系列服装陈列展示

灵感来源

图5-57　灵感来源

彩，体现出一种神秘的氛围（图5-59）。

　　面料的选择以雪纺和棉质面料为主，两种面料手感偏差较大。本系列运用解构的手法把两种面料相互融合，硬软面料的中和，使得面料从视觉上更加丰富，表现出一种粗中有细的视觉层次，同时也呼应了主题。侠给人的感觉是不屈的，但是本系列是以女装为出发点，所以在这种硬朗的造型中增加了飘逸的纱，使得服装也有了柔性的一面（图5-60）。印花图案提取自敦煌壁画中人物的飘带进行二次创作，飘带的姿势各式各样，不同的飞天姿态使得飘带的动态也各不相同，飘带的动态也使得人物形象更加饱满。飘带在我国的文化中也有着吉祥的寓意，用在服装上是给予"游侠"美好的祝福，希望在外的人们平安吉祥（图5-61）。

廓型细节

元素提取

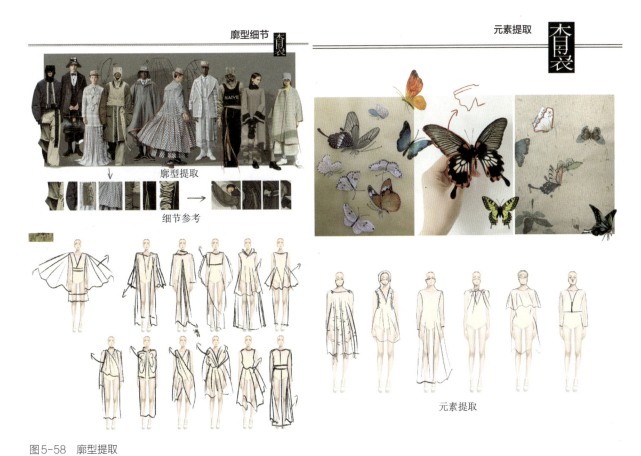

廓型提取

细节参考

元素提取

图5-58 廓型提取

色彩提取

色彩提取

图5-59 色彩提取

面料板

方案 1

主要实验工具：蜜蜡、皂粉、明矾、熔蜡锅、纺织染料、
真丝芝麻、雪纺真丝、双绉真丝
实践内容：1. 用蜜蜡封住面料不需要上色的部位进行留白；
2. 不同面料上色的固色度对比；
3. 一种面料上进行多色套染的可实施性。

蜜蜡用凉水冲洗不掉，也无法
用刮刀去除，已经渗透面料，
需要热水加热并结合皂粉，这
个时候的面料要采用明矾固色。

方案 2

数码定位印花加面料肌理

图5-60   面料及印花

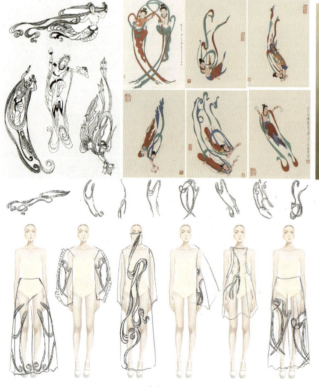

元素提取

面料图案来源：
在《艺术史研究》中曾写道，在达玛沟托普鲁克墩遗址的壁画中最引人瞩
目的就是人物的飘带，而文中表述出飘带作为吉祥和灵光的象征，体现了
萨珊波斯王朝的美学理念。在现如今的影视作品和壁画中，也可以看到一
些神话人物带着飘带，他们与吉祥同在，又把吉祥寓意衬托得活灵活现，
是一种美好的寓意。

图5-61   图案设计

（2）系列产品设计方案：电影《刺客聂隐娘》中有这样一幕，聂隐娘去刺杀君王的时候，看见君王正在和自己的儿子在院子里面玩蝴蝶，于是聂隐娘放弃了刺杀，这个时候的聂隐娘不再是一名刺客，而是变成了一个侠客，蝴蝶也成了蜕变的象征，所以在服装的设计中选用了解构的手法去塑造蝴蝶的造型。服饰不光要考虑实用性，也要考虑服装具有的精神意义，一件被赋予了意义的服装从某种角度上来说，是更具有价值的。侠是一种比较模糊的概念，在表达这个主题的时候，只能去追寻侠的形态和侠的故事，把这些元素提取、融合再创作，通过解构的手法，反复地实验，寻找到更适合的最终效果——"杳袤"。解构是本体，而侠是本系列的灵魂，两者的融合才能达到有生命的解构。以蝴蝶造型为本体，本系列服装设计进行了各种解构设计尝试，绘制了设计草图（图5-62~图5-64）。最初设计稿中对于蝴蝶造型的解构表现不够突出，经过多次草图修改、推翻、重构、细化的尝试，确定了最终设计方案（图5-65）。

（3）服装板型、工艺实验及坯样制作：本系列服装板型及工艺的难点在于蝴蝶造型与服装解构的实现以及面料再造的工艺。在板型制作的阶段，先用立体裁剪试坯样，然后在立体裁剪坯样的基础上进行平面裁剪，经过多次的板型调整，最终完成坯样的制作（图5-66）。在纱布上做面料再造，通过不断地实验增加面料的丰富性，用手工印染和工业印花的方式使得雪纺面料更加具有层次感（图5-67）。

（4）成衣整体搭配及陈列展示：在坯样的基础上进行板型及工艺调整，完成系列成衣制作，根据"侠"的理念以及服装风格进行整体搭配（图5-68）。成衣完成之后，还需要对商品进行主题陈列展示。考虑到系列作品的整体氛围，卖场店面设计色彩以黑色为主，以体现中式风格，并能展现系列服装特色（图5-69）。

草稿1

图5-62 设计草图1

草稿2

图5-63　设计草图2

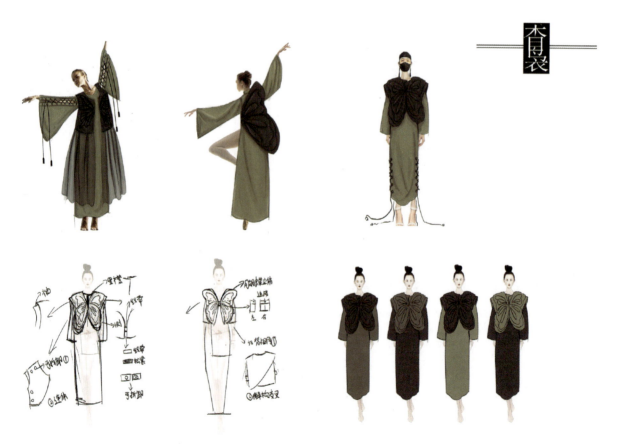

图5-64　设计草图3

图5-65　最终设计方案

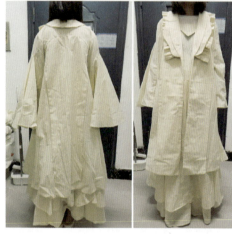

图5-66　坏样

图5-67　面料再造

图5-68　系列成衣

图5-69　系列服装橱窗陈列

实训项目

1. 对企业定制设计案例及学生作品案例分析。

2. 完成一项春夏主题的系列产品设计，并挑选其中2款完成成衣制作。